二狗妈妈的小厨房之
手作饼干

乖乖与臭臭的妈　二狗爸爸　编著

辽宁科学技术出版社
·沈 阳·

图书在版编目（CIP）数据

二狗妈妈的小厨房之手作饼干 / 乖乖与臭臭的妈，
二狗爸爸编著 . — 沈阳 : 辽宁科学技术出版社 , 2020.1
　　ISBN 978-7-5591-1373-3

　　Ⅰ . ①二… Ⅱ . ①乖… ②二… Ⅲ . ①饼干－制作 Ⅳ .
① TS213.22

中国版本图书馆 CIP 数据核字（2019）第 238430 号

出版发行：辽宁科学技术出版社
　　　　　（地址：沈阳市和平区十一纬路 25 号 邮编：110003）
印　刷　者：辽宁新华印务有限公司
经　销　者：各地新华书店
幅面尺寸：170 mm×240 mm
印　　张：16
字　　数：300 千字
出版时间：2020 年 1 月第 1 版
印刷时间：2020 年 1 月第 1 次印刷
责任编辑：卢山秀
封面设计：魔杰设计
版式设计：李英辉　杨光玉
责任校对：尹　昭　王春茹

书　　号：ISBN 978-7-5591-1373-3
定　　价：59.80 元

联系电话：024-23284740
邮购热线：024-23284502

☞ 扫一扫 美食编辑

投稿与广告合作等一切事务
请联系美食编辑——卢山秀
联系电话：024-23284740
联系 QQ：1449110151

写给您的一封信

翻开此书的您：

您好！无论您出于什么原因，打开了这本书，我都想对您说一声谢谢！

我对于饼干的记忆是模糊的，如果桃酥算是饼干的话，那我小时候吃过的饼干也只有桃酥……来到北京后，在先生家（那会儿还是男朋友）我见到了曲奇，好奇地吃了一块，立即被其味道和口感征服，先生的父母看我爱吃，把整盒都送给了我。我记得当时拿着这盒曲奇回到宿舍，悄悄地藏在床边，怕被舍友发现……现在想起来，好鄙视当时那么小气的自己。慢慢的，经济条件好一些了，眼界开阔了，接触的饼干种类也更多了，我才知道饼干也可以千变万化，丰富多彩。而对于烘焙越发着迷的我，也开始自己鼓捣饼干方子，而且得到了越来越多的人的喜爱。

有人说，如果您想涉足烘焙领域，饼干是最容易上手的品类，而为什么我的前6本书都没有涉及饼干呢？为什么等到第7本书才出饼干内容？这个问题我考虑了很久，也许是前几年的饼干方子做得比较少，储备没有达到可以出书的水准，亦或是还没有做好各种准备吧，我一直觉得白纸黑字的书，没有十足把握是不可以随意落笔的。

现在，这本饼干书终于可以和大家见面了！本书共分为6个章节，内容的划分非常好理解：卡通饼干、挤花饼干、简易切割饼干、手工塑形饼干、冰冻饼干和无糖饼干。值得说明的是，本书所有饼干中，只有芝麻饼干用了大家常用的月饼模具，其他均不用模具；所有饼干均不用色素调色，而是用天然蔬果粉；本书中用到了无盐黄油、椰子油、猪油、植物油，所有固态油都可以互换，所有液态油也可以互换；所有饼干用到的烤盘都一样：三能黄金烤盘。为何一定要提一下烤盘呢？因为烤盘材质不一样，烘烤的时间也大不相同。我用的这款烤盘，隔热性能好，不易煳底，如果您用其他材质烤盘，还请减少烘烤时间或降低下火温度……本书中特意将卡通饼干作为第一章节，寓意着我们爱的孩子，而用无糖饼干这一章节作为收尾，寓意着

我们爱的老人。本书以绿色贯穿，从第一章节的萌芽绿到最后一章的深绿，寓意着随着时间的积累，我们逐渐成长为参天大树。我想用这本书温暖每个年龄段的人，也想用这本书让您走进厨房，为自己爱的人做一些健康的小饼干。

我是上班族，只有下班后和周末才有时间，而且条件有限，做出的成品只能在摄影灯箱里拍摄，如果您觉得成品的图片不够漂亮，还请您多原谅。本书所有图片均由我家先生全程拍摄，个中辛苦只有我最懂得。感谢先生一如既往地全力支持和陪伴，希望我们就这样互相陪伴一辈子……

感谢辽宁科学技术出版社，感谢宋社长、李社长和我的责任编辑"小山山"，谢谢你们给了我一个舞台，让我完成自己的梦想，感谢每一位参与"二狗妈妈的小厨房"系列丛书的工作人员，你们辛苦啦！

感谢我所就职的工作单位——中国工商银行，感谢我的领导和同事。单位"工于致诚，行以致远"的企业文化，造就了现在的我，领导和同事们的支持认可，让我在自己的业余爱好中有了底气，让我有了前进的勇气，让我有了努力的动力！

感谢我的粉丝们，感谢"二狗妈妈的小厨房"所有群组的每一位，如此长时间的跟随和陪伴，让我可以在你们面前保持真我，不随波逐流，不忘初心，坚持"不代言、不收钱、不做团购"，踏踏实实地工作、生活，分享美食，分享快乐！

感谢我的闺蜜大宁宁，在每一个重要的时刻，都陪伴着我！我家人总说，宁宁对我比家里人都好！

感谢虎哥背着我的书走南闯北，不遗余力地为我宣传！虎哥曾经说过，在北京有几个好朋友真好，这句话，我也回赠于虎哥：在北京，有虎哥，真好！

感谢所有为我线上线下活动提供奖品的厂商们，你们的信任和支持，让我可以锦上添花……

感谢我的家人们，毫无保留地支持我！

最后，我想说，"二狗妈妈的小厨房"系列丛书承载了太多太多的爱，单凭我一个人是绝对不可能完成的。感谢、感恩已不能表达我的心情，只有把最真诚的祝福送给大家：

健康！快乐！幸福！平安！

二狗妈妈：王银霞
2019年11月11日

目录

Contents

Part 1 卡通饼干

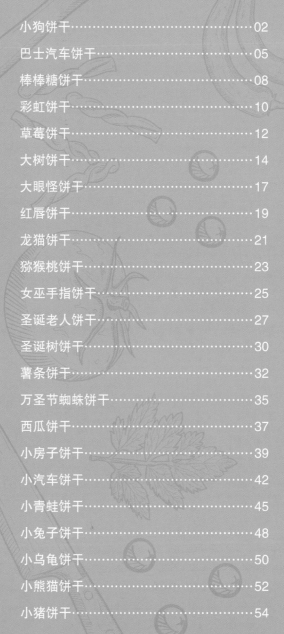

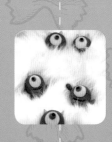

Part 2 挤花饼干

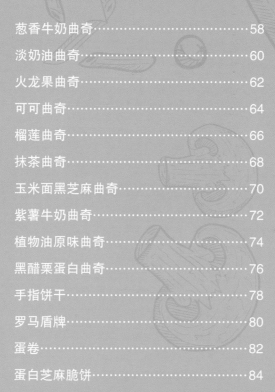

Part 3　简易切割饼干

Part 4 手工塑形饼干

Part 5　冰冻饼干

Part 6　无糖饼干

Part 1

卡通饼干

不用模具，咱们也能做出超可爱的卡通饼干！

去年的某一天，收到了一位好友微信发来的图片，照片里好几排超级可爱的卡通饼干，萌的不得了……她问我：你会做吗？这个要是学的话，是收费的！哎呀呀……这激发了我强烈的好奇心，不行，我也鼓捣鼓捣！试了好几遍配方，用料虽然不多，但要想把面团做得不干不粘，烤出来不裂，我也是下了一番功夫……

本章节共收录了24种卡通饼干制作方法，其中9种是冷冻后切片即成的卡通饼干，这也是国外非常流行的冰冻饼干，看似步骤烦琐，但只需要根据书中的要求一步一步做下来，相信在您用刀切开的那一刹那，会被自己的手艺感动到！另外，15种卡通饼干，都是用手捏出来的，不用任何模具。掌握方法后，您可以用同样的面团，做出自己喜欢的其他卡通饼干哟……

用卡通饼干作为本书的第一个章节，寓意是为了我们爱的孩子们……那么，还在等什么，赶紧做一款宝宝们喜欢的卡通饼干吧！

小狗
饼干

爸爸妈妈，我俩在汪星挺好的，你们看，我们的磨菇屋好不好看？你们要照顾好我俩的妹妹二妞妞哟，不要伤心，我俩只是换一种方式陪着你们哟……

原料 |

无盐黄油·············· 50 克 　糖粉··················· 20 克 　淡奶油················ 30 克 　低筋粉·············· 100 克
纯黑可可粉········· 少许 　可可粉··············· 5 克 　白芝麻··············· 少许

做法 |

1　50 克无盐黄油室温软化。

2　加入 20 克糖粉。

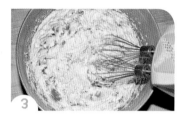

3　用电动打蛋器搅打均匀。

4　30 克淡奶油分 3 次加入到黄油盆中，每加入一次都要充分打匀再加入下一次。

5　筛入 100 克低筋粉。

6　另取两个小碗，分别取出 10 克、30 克面絮，在 10 克面絮中加入少许纯黑可可粉，在大盆中加入 5 克可可粉。

7　分别揉成面团。

8　把咖色面团切下来 40 克，其余面团分成12 份。

9　把切下来的 40 克咖色面团分成 12 份。

10 取一小块面团，搓圆按扁，用刮板从中间切开。

11 把2个半圆面团呈"V"形码放在不粘烤盘上，依次码放好12组，这是小狗耳朵。

12 把12个咖色大面团揉成椭圆形按扁，放在耳朵中间，稍按压紧实。

13 把耳朵往下翻折。

14 揪白色面团搓长，粘在小狗脸中间。

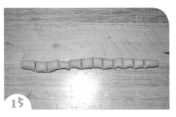

15 把其余的白色面团分成12份。

16 把白色面团搓圆按扁，粘在小狗脸下方。

17 揪黑色面团做出小狗鼻子。

18 再揪黑色面团做出小狗眉毛和眼睛，用白芝麻做出眼睛里的亮光，再用牙签戳出小狗嘴巴。

19 送入预热好的烤箱，中下层，上下火，160摄氏度、25分钟，烘烤10分钟就加盖锡纸。

◆·●·◆ **二狗妈妈碎碎念** ◆·●·◆

1. 淡奶油可以用28克牛奶替换。

2. 小狗耳朵向下翻折时，用刮板辅助，注意别折断了。

3. 小狗脸中间的那道白色花纹上端，可以用刮板切开一点儿，更好看。

4. 小狗嘴巴用牙签戳得要深一些。

拍照时先生说，你家的巴士汽车四组轮子呀？我说轮子多显得气派！先生说，那不如你做火车得了，一排轮子，多过瘾！

巴士汽车饼干

● 二狗妈妈碎碎念 ●

1. 巴士汽车的车身颜色可随您喜欢进行调整，绿色可以用抹茶粉，紫色可以用紫薯粉等，不建议用蝶豆花粉做蓝色车身，因为我试过，颜色很不理想。

2. 每一次的冷冻步骤切不可省略，如果操作过程中遇到面团有点儿软塌变形的情况，一定要立即拿去冷冻，以便操作。

3. 第16步骤时，先把要黏合的那面切平整后再刷蛋液进行黏合，这样黏合得会更紧实。

原料

无盐黄油·········· 130 克　　糖粉·················· 40 克　　鸡蛋·················· 1 个　　低筋粉·············· 230 克
纯黑可可粉········· 2 克　　红曲粉·············· 3 克

做法

1 130 克无盐黄油室温软化，加入 40 克糖粉。

2 用电动打蛋器搅打均匀。

3 1 个鸡蛋打散后，分 4~5 次加入到黄油盆中，每加入一次用电动打蛋器打匀后再加入下一次。

4 筛入 230 克低筋粉。

5 用刮刀拌成絮状。

6 另取两个小碗，取出 100 克、80 克面絮，在 80 克面絮中加入 2 克纯黑可可粉，在大盆中加入 3 克红曲粉。

7 分别揉成面团。

8 把黑色面团分成 4 份，搓成约 15 厘米长的圆柱，包好，入冰箱冷冻 30 分钟至硬挺。

9 把白色面团整理成宽约 5 厘米，高约 1.5 厘米的厚片，包好，入冰箱冷冻至硬挺。

把红色面团分成 80 克、30 克、160 克的面团。

把 160 克的红色面团用保鲜膜整理出一个宽约 8 厘米，高约 1 厘米，长约 15 厘米的厚面片，把冻好的 4 个黑色长条面柱贴在红色面片上，压紧，包好，入冰箱冷冻 30 分钟。

把冻好的白色面片切成 4 条，把 30 克的红色面团分成 3 份搓长。

把红色面条粘在白色面片切面处。再把 4 条白色面片捏紧在一起，包好，入冰箱冷冻 10 分钟。

把 80 克红色面团擀开，把冷冻好的红白面片放在中间。

用保鲜袋辅助把红色面片粘在红白色面片两侧，包好，入冰箱冷冻 30 分钟。

把包着红白面片的面团刷蛋液后粘在有黑色车轮的面团上，捏紧，如果两块面团大小不太一样，此时用刀修整齐。

现在的侧面是这样的，包好，入冰箱冷冻 10 分钟。

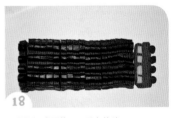
把面柱切成厚约 0.5 厘米的片。

把切面朝上码放在不粘烤盘上。

送入预热好的烤箱，中下层，上下火，160 摄氏度、30 分钟，烘烤 10 分钟就加盖锡纸。

棒棒糖
饼干

看，多好看的棒棒糖呀！
可这个棒棒糖是饼干，不是糖哟……

原料 |

无盐黄油··········· 100 克　　糖粉·················· 35 克　　鸡蛋·················· 1 个　　低筋粉············· 200 克
抹茶粉············· 1 克　　红曲粉················ 少许

做法 |

1
100 克无盐黄油室温软化，加
入 35 克糖粉。

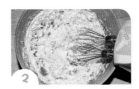

2
用电动打蛋器搅打均匀。

3
1 个鸡蛋打散后，分 4~5 次加
入到黄油盆中，每加入一次用
电动打蛋器打匀后再加入下一
次。

4
筛入 200 克低筋粉。

5
用刮刀拌成絮状。

6
把面絮平均分成 3 份，在其中
一份面絮中加入 1 克抹茶粉，
在其中一份面絮中加入少许红
曲粉。

7
分别揉成面团。

8
把 3 种颜色的面团都搓长，各
分成 32 份。

9
3 种颜色面团各取一份搓长。

10
拧在一起后再搓长。

11
从一端卷起来，用牙签从底部
插在饼干生坯上。

12
依次做好 32 个，码放在不粘
烤盘上。

13
送入预热好的烤箱，中下层，
上下火，160 摄氏度、30 分
钟，烘烤 10 分钟就加盖锡纸。

❀ 二狗妈妈碎碎念 ❀

1. 红曲粉和抹茶粉烤后颜色都会变浅。

2. 把 3 种颜色的面团搓长，拧在一起时，注意不要太着急搓长，
要边拧边搓，一定把颜色区分开来才好看。

3. 牙签要把尖头剪掉后使用，牙签如若不剪掉小尖，我怕会扎
到小宝宝。

彩虹
饼干

你们知道我的彩虹饼干弧度是怎么做出来的吗？哈哈，一根擀面杖立下了汗马功劳……

● 二狗妈妈碎碎念 ●

1. 彩虹的颜色可以随您的喜好进行调整。

2. 云朵面团形状可以随意一些，不要太规整。

3. 一定要把彩虹面柱插进云朵面团上，这样出来的效果才会更好看。

原料

无盐黄油…………… 130 克	糖粉…………… 40 克	鸡蛋…………… 1 个	低筋粉…………… 230 克
红曲粉…………… 1 克	抹茶粉…………… 1 克	紫薯粉…………… 1 克	南瓜粉…………… 2 克

做法

1 130 克无盐黄油室温软化，加入 40 克糖粉。

2 用电动打蛋器搅打均匀。

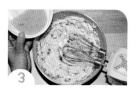

3 1 个鸡蛋打散后，分 4~5 次加入到黄油盆中，每加入一次用电动打蛋器打匀后再加入下一次。

4 筛入 230 克低筋粉。

5 用刮刀拌成絮状。

6 另取 4 个小碗，各取出 50 克面絮在每个小碗中，分别加入 1 克红曲粉、1 克抹茶粉、1 克紫薯粉、2 克南瓜粉。

7 分别揉成面团。

8 用保鲜袋辅助，将彩色面团分别擀成长约 20 厘米，宽约 5 厘米的面片，我先擀的是黄色和紫色。

9 再把红色和绿色也擀成长约 20 厘米，宽约 5 厘米的面片。

10 把 4 种颜色的面片叠放在一起，稍擀。

11 把 4 色面片用保鲜袋包好后，放在一根擀面杖上，把面片整理成弧形，连同擀面杖一起入冰箱冷冻 30 分钟至硬挺。

12 把白色面团分成 2 份，分别整理成和弧形面片长度一样的圆柱。

13 把弧形面片两端放在白色面柱上，往下压深一些，把白色面团整理得不规则一些，用保鲜袋包好，入冰箱冷冻 20 分钟。

14 把面柱切成厚约 0.5 厘米的片。

15 把切面朝上码放在不粘烤盘上。

16 送入预热好的烤箱，中下层，上下火，160 摄氏度、30 分钟，烘烤 10 分钟就加盖锡纸。

草莓
饼干

你们这些草莓怎么个个不水灵呀？
我们只是块饼干，做不到水灵呀！

● 二狗妈妈碎碎念 ●

1. 这款饼干的难点就是在红色面团上用
刀刻出 3 个凹槽，所以红色面团冷冻的时间
不可过长，时间长了刻不动。

2. 绿色面团往凹槽里塞的时候一定要塞
紧。

原料

无盐黄油············· 100 克	糖粉················· 35 克	鸡蛋················· 1 个	低筋粉················· 210 克
红曲粉············· 2 克	熟黑芝麻············· 10 克	抹茶粉················· 2 克	

做法

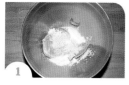

1. 100 克无盐黄油室温软化，加入 35 克糖粉。

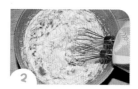

2. 用电动打蛋器搅打均匀。

3. 1 个鸡蛋打散后，分 4~5 次加入到黄油盆中，每加入一次用电动打蛋器打匀后再加入下一次。

4. 筛入 210 克低筋粉。

5. 用刮刀拌成絮状。

6. 另取一个大碗，分出来 70 克面絮，在大盆中加入 2 克红曲粉、10 克熟黑芝麻，在 70 克面絮中加入 2 克抹茶粉。

7. 分别揉成面团备用。

8. 取红色面团搓长，整理成三角形面柱，入冰箱冷冻 30 分钟。

9. 把冻好的面柱在一侧用锋利刀片切出 3 个小凹槽。

10. 把绿色面团放保鲜袋上，再盖一层保鲜袋，擀成长方形面片，分成 3 份。

11. 把 3 条绿色面条分别塞入凹槽内，再把绿色面片捏在一起，入冰箱冷冻 20 分钟。

12. 把冷冻好的面柱取出后，切成厚约 0.5 厘米的片。

13. 把切面朝上码放在不粘烤盘上。

14. 送入预热好的烤箱，中下层，上下火，160 摄氏度、30 分钟，烘烤 10 分钟就加盖锡纸。

大树
饼干

别着急，我们会慢慢长得更高更强壮的，以后会成为参天大树！

原料

无盐黄油⋯⋯⋯⋯ 130 克	糖粉⋯⋯⋯⋯⋯⋯ 40 克	鸡蛋⋯⋯⋯⋯⋯⋯ 1 个	低筋粉⋯⋯⋯⋯⋯ 230 克
抹茶粉⋯⋯⋯⋯⋯ 5 克	可可粉⋯⋯⋯⋯⋯ 5 克		

做法

1 130 克无盐黄油室温软化，加入 40 克糖粉。

2 用电动打蛋器搅打均匀。

3 1 个鸡蛋打散后，分 4~5 次加入到黄油盆中，每加入一次用电动打蛋器打匀后再加入下一次。

4 筛入 230 克低筋粉。

5 用刮刀拌成絮状。

6 另取一个大碗，取出 180 克面絮，在大盆中加入 5 克抹茶粉，在大碗中加入 5 克可可粉。

7 分别揉成面团。

8 先看一眼结构图。

9 把咖色面团分成 3 份，不用等量，我们要用这 3 块咖色面团来做图 8 中的树干部分。

10

把3块咖色面团分别擀成长约20厘米，宽3~5厘米的厚面片。

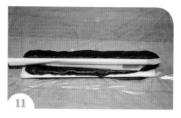

11

3块面片叠放在一起，在每片的中间垫折起来的油纸，请看图8中的第1、第2部分，油纸就是先充当第1、第2部分，包好，入冰箱冷冻30分钟。

12

绿色面团不规则地分成7份，搓成长约20厘米的长条备用。

13

取2块绿色面条做图8中的第1、第2部分，尽量让绿色面团与咖色面团紧密贴合。

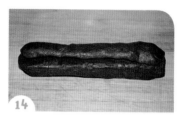

14

再取2块面团做图8中的第3、第4部分。

15

最后取3块绿色面团按图8中的第5、第6、第7位置摆放好，尽量使贴合处紧密贴合，包好，入冰箱冷冻30分钟。

16

把冷冻好的面柱取出后，切成厚约0.5厘米的片。

17

把切面朝上码放在不粘烤盘上。

18

送入预热好的烤箱，中下层，上下火，160摄氏度、30分钟，烘烤10分钟就加盖锡纸。

◆ 二狗妈妈碎碎念 ◆

　　1. 树干是由3块咖色厚面片组成，因为要做出分权的效果，所以我在面片中间用油纸隔开，注意没有油纸的部分要捏紧。

　　2. 树冠部分由7块绿色面团组成，为了让大家看得更直观一些，我画了图8，就是先把树干之间的空隙填满后，再去做造型。

　　3. 每一步的冷冻步骤不可省略。

大眼怪
饼干

这里毛茸茸的，有点儿吓人！
你看看咱们长的，也挺吓人的！

二狗妈妈碎碎念

1. 淡奶油可以用 28 克牛奶替换。
2. 大眼怪的犄角一定要做得厚一些，不然容易烤过火。
3. 大眼怪的嘴巴用勺子压的时候尽量大一些深一些。
4. 预留的绿色面团一定会有剩余，可以做几个有胳膊、腿的大眼怪，注意胳膊、腿也要有一定厚度。

原料

无盐黄油⋯⋯⋯⋯ 50 克　　糖粉⋯⋯⋯⋯⋯⋯ 20 克　　淡奶油⋯⋯⋯⋯⋯ 30 克　　低筋粉⋯⋯⋯⋯⋯ 100 克
纯黑可可粉⋯⋯⋯ 少许　　抹茶粉⋯⋯⋯⋯⋯ 4 克

做法

50 克无盐黄油室温软化。

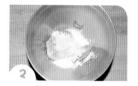
加入 20 克糖粉。

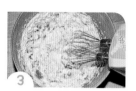
用电动打蛋器搅打均匀。

30 克淡奶油分 3 次加入到黄油盆中，每加入一次都要充分打匀再加入下一次。

筛入 100 克低筋粉。

另取两个小碗，分别取出 5 克、30 克面絮，在 5 克面絮中加入少许纯黑可可粉，在大盆中加入 4 克抹茶粉。

分别揉成面团。

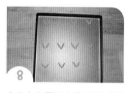
先从白色面团中揪 24 块小面团，搓成枣核形，两个一组在烤盘上摆出 12 组 "V" 形，这是大眼怪的 "犄角"。

把绿色面团搓长，切下来 10 克后，分成 12 份。

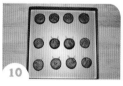
把 12 个绿色面团揉圆按扁，压在白色 "犄角" 上面。

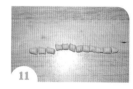
把其余的白色面团分成 12 份。

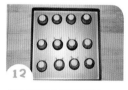
搓圆按扁粘在绿色面团上。

揪预留的绿色面团揉圆按扁粘在白色面片上。

再揪黑色面团做出眼珠，粘在绿色小面片上，用勺子压出嘴巴。

预留的绿色面团有剩余，可以做几个有胳膊、腿的大眼怪。

送入预热好的烤箱，中下层，上下火，160 摄氏度、25 分钟，烘烤 10 分钟就加盖锡纸。

红唇
饼干
—

我在厨房画着效果图中的这个美人儿，先生踱步到厨房门口：不是做书稿呢
吗？怎么还画上画儿了！我说你一会儿就知道咯……

原料

无盐黄油·············· 50 克　　糖粉··············· 25 克　　鸡蛋··············· 1 个　　低筋粉·············· 137 克

红曲粉·············· 3 克

做法

50 克无盐黄油室温软化。

加入 25 克糖粉。

用电动打蛋器把黄油和糖粉打匀。

1 个鸡蛋打散后，分 4~5 次加入到黄油盆中，每加入一次用电动打蛋器打匀后再加入下一次。

筛入 137 克低筋粉、3 克红曲粉。

用刮刀拌匀后揉成面团。

揪两个小面团，每个约 5 克，搓成枣核形。

把上面的小面团用刮板在中间压一下，然后将两个小面团的两端捏在一起。

依次把所有面团做成红唇状，码放在不粘烤盘上。

送入预热好的烤箱，中下层，上下火，160 摄氏度、25 分钟，烘烤 10 分钟就加盖锡纸。

❖　二狗妈妈碎碎念　❖

　　1. 做红唇造型时（第 7、第 8 步）最好直接在烤盘上操作，避免在案板上制作完成后，把饼干生坯往烤盘上挪放时变形。

　　2. 做好红唇的形状后，可以用刮板在红唇上压出一些"唇纹"。

　　3. 您也可以把红唇做得大一些，增加烘烤时间即可。

龙猫
饼干
——

这片草地真好，
我们到这儿避避夏日的骄阳吧！

●━━ **二狗妈妈碎碎念** ━━●

1. 淡奶油可以用 28 克牛奶替换。

2. 龙猫的耳朵要做得有点儿厚度，不然上色会比较深，就不好看咯。

3. 用牙签做龙猫的嘴巴和肚皮上的花纹时，要注意对应的位置，嘴巴要戳得深一些才好看。

21

原料

无盐黄油……………… 50 克　　糖粉………………… 20 克　　淡奶油……………… 30 克　　低筋粉…………… 100 克
纯黑可可粉……… 少许　　黑芝麻粉………… 12 克

做法

1 50 克无盐黄油室温软化，加入 20 克糖粉。

2 用电动打蛋器搅打均匀。

3 30 克淡奶油分 3 次加入到黄油盆中，每加入一次都要充分打匀再加入下一次。

4 筛入 100 克低筋粉。

5 另取两个小碗，分别取出 5 克、30 克面絮，在 5 克面絮中加入少许纯黑可可粉，在大盆中加入 12 克黑芝麻粉。

6 分别揉成面团。

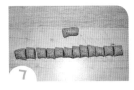
7 把灰色面团搓长，切下来 20 克后，分成 12 份。

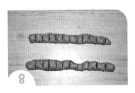
8 把切下来的 20 克灰色面团分成 24 份。

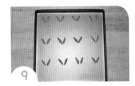
9 把 24 块灰色小面团搓成枣核形，两个一组在烤盘上摆出 12 组 "V" 形，这是龙猫的耳朵。

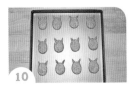
10 把 12 个灰色大面团搓成椭圆形按扁，压在耳朵上面。

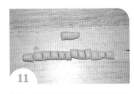
11 把白色面团切下来 5 克备用，然后分成 12 份。

12 把 12 个白色小面团搓成椭圆形按薄。

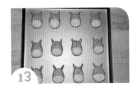
13 粘在龙猫身体下方。

14 揪预留的白色面团，做出龙猫的眼睛。

15 揪黑色面团做出龙猫的眼珠、鼻子、胡子，用牙签戳出嘴巴和肚皮上的花纹。

16 送入预热好的烤箱，中下层，上下火，160 摄氏度、25 分钟，烘烤 10 分钟就加盖锡纸。

做好这款饼干的第二天，我带着去单位分给伙伴们，
所有的伙伴们都惊呼，这个饼干太好看了吧！不舍得吃耶……

猕猴桃
饼干
——

● 二狗妈妈碎碎念 ●

1. 一定要选用品质好的抹茶粉，成品颜色才会更好看。

2. 每一次的冷冻步骤切不可省略，不然造型会非常吃力。

3. 绿色面团和咖色面团擀成片时，一定要用保鲜袋辅助，不然会粘在擀面杖上，不好操作。

4. 在用面片包裹面柱时，用手提起保鲜袋去盖面柱，会更好操作一些。

5. 粘黑芝麻是非常考验耐心的，不要着急，用牙签先蘸一下水再去粘芝麻就容易多了。

原料

无盐黄油…………… 150 克	糖粉………………… 50 克	鸡蛋………………… 1 个	低筋粉………… 260 克
抹茶粉…………… 10 克	可可粉……………… 5 克		

做法

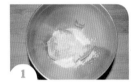

1 150 克无盐黄油室温软化，加入 50 克糖粉。

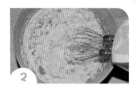

2 用电动打蛋器搅打均匀。

3 1 个鸡蛋打散后，分 4~5 次加入到黄油盆中，每加入一次用电动打蛋器打匀后再加入下一次。

4 筛入 260 克低筋粉。

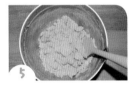

5 用刮刀拌成絮状。

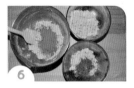

6 另取两个大碗，各分出来 80 克、150 克面絮，在大盆中加入 10 克抹茶粉，在 80 克面絮中加入 5 克可可粉。

7 分别揉成面团备用。

8 先把白色面团整理成圆柱状，入冰箱冷冻 30 分钟。

9 把绿色面团放在保鲜袋上，再覆盖一层保鲜袋，擀成长度和白色面柱一样的长方形面片，宽度要是白色面柱的 3 倍。

10 用绿色面片把白色面柱卷起来，入冰箱冷冻 15 分钟。

11 把咖色面团放在保鲜袋上，再覆盖一层保鲜袋，擀成长度和绿色面柱一样的长方形面片，宽度是绿色面柱的 3 倍。

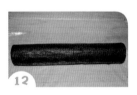

12 用咖色面片把绿色面柱卷起来，入冰箱冷冻 15 分钟。

13 把冷冻好的面柱取出后，切成厚约 0.5 厘米的片。

14 把切面朝上码放在不粘烤盘上。

15 用牙签蘸水后再去粘黑芝麻，一粒一粒地把黑芝麻粘在白色面团的外圈，用手稍按压。

16 送入预热好的烤箱，中下层，上下火，160 摄氏度、30 分钟，烘烤 10 分钟就加盖锡纸。

数量：26块

女巫手指
饼干

哎呀呀……这只可怕的手是谁的呀！
快快拿走，不然我就要咬断它！

原料 |

无盐黄油⋯⋯⋯⋯⋯ 60 克　　糖粉⋯⋯⋯⋯⋯⋯⋯ 25 克　　鸡蛋⋯⋯⋯⋯⋯⋯ 1 个　　低筋粉⋯⋯⋯⋯⋯ 140 克
大杏仁⋯⋯⋯⋯⋯ 适量

做法 |

1 60 克无盐黄油室温软化。

2 加入 25 克糖粉。

3 用电动打蛋器把黄油和糖粉打匀。

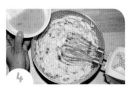

4 1 个鸡蛋打散后，分 4~5 次加入到黄油盆中，每加入一次用电动打蛋器打匀后再加入下一次，注意最后留一点儿备用。

5 这是加入鸡蛋后黄油的状态，还有碗中留下的蛋液，只需留下 3 克左右即可。

6 筛入 140 克低筋粉。

7 用刮刀拌匀后揉成面团。

8 把面团分成 10 克一个的小面团，搓长后码放在不粘烤盘中。

9 取大杏仁刷预留蛋液后，粘在长面条一端，稍压。

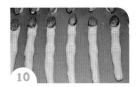

10 用刮板压出些印痕。

11 送入预热好的烤箱，中下层，上下火，170 摄氏度、20~23 分钟。

◆ **二狗妈妈碎碎念** ◆

1. 面团揉成团后，如果觉得粘手不好操作，那就放冰箱冷藏 20 分钟后再操作。
2. 每根手指饼干的生坯一定要搓得比咱们正常手指要细一些，因为烘烤后会变胖。
3. 预留蛋液一点儿就够用，用来把杏仁粘在饼干上。

圣诞老人
饼干

宝贝们，快点儿睡觉，一会儿圣诞老人就顺着咱家
烟囱滑到你的房间，给你在枕头底下放礼物哟……

原料

无盐黄油·············· 50 克	糖粉·············· 20 克	淡奶油·············· 30 克	低筋粉·············· 100 克
红曲粉·············· 1 克	可可粉·············· 0.5 克		

做法

1 50 克无盐黄油室温软化。

2 加入 20 克糖粉。

3 用电动打蛋器搅打均匀。

4 30 克淡奶油分 3 次加入到黄油盆中，每加入一次都要充分打匀再加下一次。

5 筛入 100 克低筋粉。

6 另取两个小碗，分别取出 40 克、50 克面絮，在 40 克面絮中加入 1 克红曲粉，在 50 克面絮中加入 0.5 克可可粉。

7 分别揉成面团。

8 把浅咖色面团搓长，分成 12 份。

9 分别揉成椭圆形，按扁，码放在不粘烤盘上。

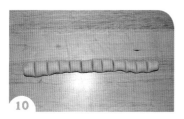

10 把白色面团搓长，分成 12 份。

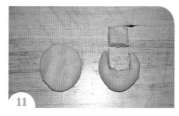

11 取一块白色面团揉圆按扁，从上方切下一个小方块，被切后的面片呈"凹"形，这是胡子。

12 把"凹"形面片粘在浅咖色面片下方。

13 把红色面团搓长，分成 12 份。

14 分别整理成三角形，粘在浅咖色面片上方，这是帽子。

15 用之前切下来的白色面团做出眉毛、小胡子后，从红色帽子尖揪下来一小块揉圆压在小胡子中间，再揪白色面团做出帽子尖上的白色小球。

16 用牙签蘸水后粘黑芝麻做出眼睛，再用牙签在小胡子下方截出嘴巴，如果您喜欢，可以再揪白色面团搓长后，粘在红色帽子下方。

17 依次做好所有圣诞老人饼干生坯。

18 送入预热好的烤箱，中下层，上下火，160 摄氏度、25 分钟，烘烤 10 分钟就加盖锡纸。

◆ 二狗妈妈碎碎念 ◆

1. 圣诞老人脸的面团一定不要加过多的可可粉，颜色太深就不好看了。

2. 圣诞老人的大胡子边缘不能按得太薄，要有一定厚度，才不容易烤得颜色过深。

3. 用牙签蘸水后再去粘黑芝麻，再把黑芝麻粘在合适位置，这样比较好操作一些，但需要您有一定的耐心。

4. 第 15 步请注意，先用白色面团做出眉毛和小胡子后，再去揪已经做好的红色帽子尖，揪下来一点儿去做鼻子，这样做就不会剩余红色面团。

数量：12块

圣诞树
饼干

圣诞节到了，做一款圣诞小饼干送给小朋友吧，他们一定会非常喜欢的！

◆ 二狗妈妈碎碎念 ◆

1. 南瓜粉的颜色不太深，也可以不放。

2. 这款饼干的难点就是第12步骤的那个图纸，就是用刮板在绿色三角形面片上横压两下，但不压断，再在每条横线的两端压断一点儿，整理成塔形。

3. 用牙签在绿色面片上压印儿，可压可不压，但效果不太一样哟。

原料

无盐黄油…………… 50 克	糖粉…………… 20 克	淡奶油…………… 30 克	低筋粉…………… 100 克
南瓜粉…………… 1 克	可可粉…………… 2 克	抹茶粉…………… 3 克	

做法

1 50 克无盐黄油室温软化，加入 20 克糖粉。

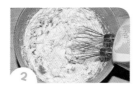

2 用电动打蛋器搅打均匀。

3 30 克淡奶油分 3 次加入到黄油盆中，每加入一次都要充分打匀再加入下一次。

4 筛入 100 克低筋粉。

5 另取两个小碗，分别取出 10克、40 克面絮，在 10 克面絮中加入 1 克南瓜粉，在 40 克面絮中加入 2 克可可粉，在大盆中加入 3 克抹茶粉。

6 分别揉成面团。

7 先把咖色面团搓长，分成 2份。

8 分别搓成水滴形，尖头朝上，码放在不粘烤盘上。

9 把绿色面团搓长，分成 12 份。

10 取一块绿色面团，整理成三角形。

11 把三角形绿色面片盖在咖色面柱上方，用刮板在上面压两道印儿，在每道印儿的两端用刮刀划开，整理成一层叠一层的效果。

12 虚线部分不用全部压断，在虚线两端压断后再整理成一层叠一层的感觉。

13 用牙签在上面压出纹路，也可以不做这一步。

14 依次做好所有圣诞树饼干生坯。

15 揪黄色面团搓成小球，粘在圣诞树的顶端。

16 送入预热好的烤箱，中下层，上下火，160 摄氏度、25 分钟，烘烤 10 分钟就加盖锡纸。

薯条
饼干

这样的薯条，我可以吃一整盘！

原料

无盐黄油……	130 克	糖粉……	40 克	鸡蛋……	1 个	低筋粉……	230 克
红曲粉……	3 克	南瓜粉……	10 克	纯黑可可粉……	少许	蛋液……	少许

做法

1 130 克无盐黄油室温软化，加入 40 克糖粉。

2 用电动打蛋器搅打均匀。

3 1 个鸡蛋打散后，分 4~5 次加入到黄油盆中，每加入一次用电动打蛋器打匀后再加入下一次。

4 筛入 230 克低筋粉。

5 用刮刀拌成絮状。

6 把面絮平均分成两份，一份里面加入 3 克红曲粉，一份里面加入 10 克南瓜粉。

7 分别揉成面团。

8 把红色面团用保鲜袋辅助整理成长 20 厘米，高 2 厘米，宽 3 厘米的方形面柱，包好，入冰箱冷冻 30 分钟。

9 把黄色面团搓长分成 9 份。

先取一块黄色面团，用保鲜袋辅助整理成和红色面柱宽度一样的面片，入冰箱冷冻至硬挺。

把8个黄色面团搓长，用保鲜袋辅助擀成长20厘米的厚片，宽度随意，入冰箱冷冻至硬挺。

把冷冻好的黄色面片放在案板上，取少许蛋液，里面加入少许的纯黑可可粉，用毛笔蘸可可粉蛋液刷在7条黄色面片上。

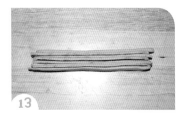

把8个黄色面片黏合在一起做成薯条面柱，入冰箱冷冻。

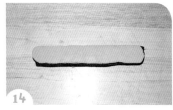

把第10步冷冻好的黄色面片取出，刷蛋液后粘在红色面柱上。

把黄色薯条面柱取出，两个面柱需要黏合的那面用刀进行整理，刷纯黑可可粉蛋液。

把两个面柱黏合在一起。

把面柱切成厚约0.5厘米的片。

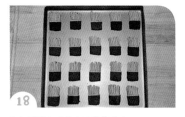

把切面朝上码放在不粘烤盘上。

送入预热好的烤箱，中下层，上下火，160摄氏度、30分钟，烘烤10分钟就加盖锡纸。

万圣节蜘蛛
饼干

你是蜘蛛吗？我怎么越看越像一只螃蟹！

胡说，看清楚了！我是万圣节才出来活动的蜘蛛宝宝！

原料

无盐黄油…………… 60 克	糖粉………………… 30 克	鸡蛋……………… 1 个	榛子巧克力酱……… 50 克
低筋粉…………… 180 克	麦丽素…………… 适量	黑白巧克力……… 适量	

做法

1 60 克无盐黄油室温软化，加入 30 克糖粉。

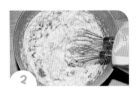
2 用电动打蛋器搅打均匀。

3 1 个鸡蛋打散后，分 4~5 次加入到黄油盆中，每加入一次用电动打蛋器打匀后再加入下一次。

4 加入 50 克榛子巧克力酱。

5 用电动打蛋器搅打均匀。

6 筛入 180 克低筋粉。

7 用刮刀拌至无干粉状态。

8 把面团分成 20 克一个的小球，放在不粘烤盘上，稍按扁一些。

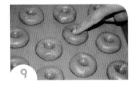
9 用手指在中间压一个深一点儿的小坑。

10 送入预热好的烤箱，中下层，上下火，170 摄氏度、30 分钟。

11 出炉趁热在中间小坑处放一颗麦丽素，稍压紧实一些。

12 用熔化的黑白巧克力画出眼睛、嘴巴和腿，冷藏至巧克力凝固即可食用。

❖ 二狗妈妈碎碎念 ❖

1. 如果不喜欢饼干太大，可以把每块饼干的面团分小一些。

2. 在每块饼干生坯中间按小坑时要深一些，因为烘烤时会膨胀。

3. 麦丽素一定要趁热放在饼干中间，这样可以熔化麦丽素表面巧克力，和饼干粘在一起。

4. 榛子巧克力酱可以用花生酱、芝麻酱替换，如果替换，那就要多加 10 克左右的糖粉哟。

西瓜
饼干

炎热的夏天，要不要来一块西瓜？
哈哈，我们不是瓜，我们是饼干啊……

◆ 二狗妈妈碎碎念 ◆

1. 红曲粉一定不要加多了，不然颜色太深不好看。

2. 冷冻后的面柱切片后，可以像我一样从中间切开，也可以把一个圆片切成4份，那烘烤时间就要减少三四分钟。

3. 烘烤10分钟就盖锡纸是为了不让饼干表面上色，上色了就不好看了。

原料

无盐黄油…………… 130 克	糖粉……………… 40 克	鸡蛋……………… 1 个	低筋粉………… 230 克
红曲粉…………… 2 克	抹茶粉…………… 5 克	黑芝麻…………… 少许	

做法

130 克无盐黄油室温软化，加入 40 克糖粉。

用电动打蛋器搅打均匀。

1 个鸡蛋打散后，分 4~5 次加入到黄油盆中，每加入一次用电动打蛋器打匀后再加入下一次。

筛入 230 克低筋粉。

用刮刀拌成絮状。

另取两个大碗，各分出来 70克、130 克面絮，在大盆中加入 2 克红曲粉，在 130 克面絮中加入 5 克抹茶粉。

分别揉成面团备用。

先把红色面团整理成圆柱状，入冰箱冷冻 30 分钟。

把白色面团放在保鲜袋上，再覆盖一层保鲜袋，擀成长度和红色面柱一样的长方形面片，宽度是红色面柱的 3 倍。

用白色面片把红色面柱卷起来，入冰箱冷冻 15 分钟。

把绿色面团放在保鲜袋上，再覆盖一层保鲜袋，擀成长度和白色面柱一样的长方形面片，宽度是白色面柱的 3 倍。

用绿色面片把白色面柱卷起来，入冰箱冷冻 15 分钟。

把冷冻好的面柱取出后，切成厚约 0.5 厘米的片。

14. 再把每个面片从中间切开，码放在不粘烤盘上。

用牙签蘸水后再去粘黑芝麻，一粒一粒地把黑芝麻粘在红色面团上，用手稍按压。

送入预热好的烤箱，中下层，上下火，160 摄氏度、30 分钟，烘烤 10 分钟就加盖锡纸。

做好这款饼干，我问先生：老公，你想要的独栋别墅是不是这样呀？大片的绿地，满眼的小花儿……老公说，这个小房子，给蚂蚁住吧！哈哈……

小房子
饼干

◆ 二狗妈妈碎碎念 ◆

1. 小房子的屋顶、墙壁、门的颜色可随您喜欢进行调整。

2. 每一次的冷冻步骤切不可省略，如果操作过程中遇到面团有点儿软塌变形的情况，一定要立即拿去冷冻，以便操作。

3. 第12、第13步骤时要注意，这是在做门和窗的部分，要记住，窗要稍靠上一些，门要靠下一些，并且门的下方是没有白色面团的。

原料

无盐黄油·········· 130 克　　糖粉···················· 40 克　　鸡蛋·············· 1 个　　低筋粉·············· 230 克

可可粉·············· 2 克　　红曲粉·············· 3 克

做法

① 130 克无盐黄油室温软化，加入 40 克糖粉。

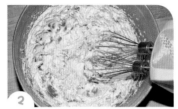

② 用电动打蛋器搅打均匀。

③ 1 个鸡蛋打散后，分 4~5 次加入到黄油盆中，每加入一次用电动打蛋器打匀后再加入下一次。

④ 筛入 230 克低筋粉。

⑤ 用刮刀拌成絮状。

⑥ 另取两个小碗，取出 100 克、80 克面絮，在 80 克面絮中加入 2 克可可粉，在 100 克面絮中加入 3 克红曲粉。

⑦ 分别揉成面团。

⑧ 把咖色面团一分为二。

⑨ 分别做成一个正方形面柱、一个长方形面柱，长度约 15 厘米，用保鲜袋包好，入冰箱冷冻 30 分钟。

10
把白色面团分成 3 份。

11
取两块白色面团,擀成长方形面片,把冷冻好的两根咖色面柱放在面片下方。

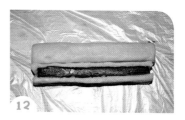
12
用白色面片分别包住咖色面柱,注意长方形面柱要留一个窄面不包,两个面团紧贴在一起,用保鲜袋包好,入冰箱冷冻 30 分钟。

13
把第三块白色面团整理成三角形面柱,紧贴在冻好的第 2 步面团上方,注意长方形咖色面柱底部朝下,再用保鲜袋包好,入冰箱冷冻 20 分钟。

14
把红色面团切下来 1/4 备用。

15
把红色面团的大面团擀成长方形面片,宽度要比白色三角形面柱顶部宽一些,长度是 15 厘米。

16
把红色面片盖在小房子顶部。

17
把预留的红色小面团搓成长条,粘在房顶上方一侧,再次用保鲜袋包好,入冰箱冷冻 20 分钟。

18
把面柱切成厚约 0.5 厘米的片。

19
把切面朝上码放在不粘烤盘上,用牙签在窗户和门上扎出想要的图案。

20
送入预热好的烤箱,中下层,上下火,160 摄氏度、30 分钟,烘烤 10 分钟就加盖锡纸。

小汽车
饼干

哇哦，小汽车饼干好可爱呀……我都舍不得吃它啦……

| 原料 |

无盐黄油·········· 130 克　　糖粉·················· 40 克　　鸡蛋·············· 1 个　　低筋粉·············· 230 克
纯黑可可粉·········· 2 克　　红曲粉················ 3 克　　蛋液·············· 少许

| 做法 |

1 130 克无盐黄油室温软化，加入 40 克糖粉。

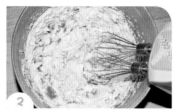

2 用电动打蛋器搅打均匀。

3 1 个鸡蛋打散后，分 4~5 次加入到黄油盆中，每加入一次用电动打蛋器打匀后再加入下一次。

4 筛入 230 克低筋粉。

5 用刮刀拌成絮状。

6 另取两个小碗，各取出 80 克面絮，在其中一个 80 克面絮碗中加入 2 克纯黑可可粉，在大盆中加入 3 克红曲粉。

7 分别揉成面团。

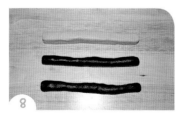

8 把白色面团整理成一个 3 厘米 ×2 厘米的方形面柱，长约 15 厘米，把黑色面团一分为二，搓成和白色面柱一样长的圆柱，分别用保鲜袋包好，入冰箱冷冻 20 分钟至硬挺。

9 把红色面团分成 80 克、20 克、160 克的面团。

10 先把 160 克的红色面团整理成和白色面柱一样长的厚面片，把冻硬的黑色圆柱压在红色面片上（如图），包好，入冰箱冷冻 30 分钟至硬挺。

11 把冻硬挺的白色方形面柱从中间切开，把 20 克的红色面团搓长按扁后，放在两个白色面柱中间，压紧实。

12 把 80 克红色面团擀成长方形面片，把白色面柱放在中间。

13 用保鲜袋辅助，把红色面片下边缘往白色面柱上黏合，包好，入冰箱冷冻 30 分钟。

14 把冻硬挺的两份面团取出后，把红白面柱没有被红色面团包裹的那个侧面切整齐后，刷蛋液，粘在红色厚面片的一侧，按压紧实。

15 现在的侧面就是这样的，包好，入冰箱冷冻 10 分钟。

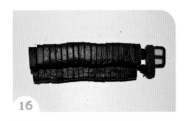

16 用锋利的刀切成厚约 0.5 厘米的片。

17 把切面朝上码放在不粘烤盘上。

18 送入预热好的烤箱，中下层，上下火，160 摄氏度、30 分钟，烘烤 10 分钟就加盖锡纸。

◆ **二狗妈妈碎碎念** ◆

1. 小汽车的车身颜色可随您喜欢进行调整，绿色可以用抹茶粉，紫色可以用紫薯粉等。

2. 每一次的冷冻步骤切不可省略。

3. 在第 15 步骤时，先把要黏合的那面切平整后再刷蛋液进行黏合，这样黏合得会更紧实。

数量：20块左右

小青蛙
饼干

今天天气可热了，出来到草坪上透透气……
咦？荷花开了，草儿绿了，太美好了……

原料

无盐黄油………… 130 克　　糖粉……………… 40 克　　鸡蛋……………… 1 个　　低筋粉………… 230 克

纯黑可可粉……… 1 克　　抹茶粉…………… 5 克

做法

1 130 克无盐黄油室温软化，加入 40 克糖粉。

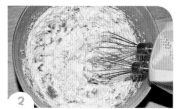

2 用电动打蛋器搅打均匀。

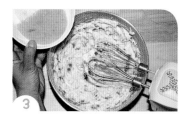

3 1 个鸡蛋打散后，分 4~5 次加入到黄油盆中，每加入一次用电动打蛋器打匀后再加入下一次。

4 筛入 230 克低筋粉。

5 用刮刀拌成絮状。

6 另取两个小碗，取出 100 克、40 克面絮，在 40 克面絮碗中加入 1 克纯黑可可粉，在大盆中加入 5 克抹茶粉。

7 分别揉成面团。

8 取黑色面团分成 3 份，其中一块面团盖好备用，两块面团搓成长约 20 厘米的圆柱状，包好，入冰箱冷冻 30 分钟。

9 把绿色面团搓成长约 20 厘米的圆柱，包好，入冰箱冷冻 30 分钟。

10 黑色面团冷冻好后，把白色面团一分为二，用保鲜袋辅助整理成宽约 3 厘米、长约 20 厘米的厚片。

11 把冻硬挺的黑色面柱放在白色面片中间。

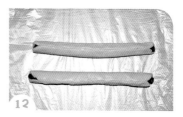

12 用保鲜袋辅助，用白色面片包住黑色面柱，入冰箱冷冻 20 分钟。

13 把绿色面柱用锋利的刀从中间切开。

14 在其中一个半圆面柱中间用刀切出一个凹槽，把预留的黑色面团搓长，填在凹槽中。

15 把另外一个半圆面柱的圆弧部分，用刀切出两个凹槽，把白色面柱嵌在凹槽中。

16 把两个半圆面柱粘在一起，用切凹槽切下来的绿色面团修补不太规整的缝隙，包好，入冰箱冷冻 15 分钟。

17 把面柱切成厚约 0.5 厘米的片。

18 把切面朝上码放在不粘烤盘上。

19 送入预热好的烤箱，中下层，上下火，160 摄氏度、30 分钟，烘烤 10 分钟就加盖锡纸。

◆ **二狗妈妈碎碎念** ◆

　　1. 这款饼干的难点就是第 13～ 第 15 步，把绿色面柱中间切开，放进去制作"嘴巴"用的黑色面团，再在"眼睛"位置的绿色面团上刻出放置眼睛的凹槽，注意"嘴巴""眼睛"这 3 道凹槽的深浅。

　　2. 每一次的冷冻步骤切不可省略，操作时如果发现面团变软，立即拿去冷冻，以便操作。

小兔子
饼干

——

这两个大萝卜够我们美
美地吃一天咯……

◆ 二狗妈妈碎碎念 ◆

1. 淡奶油可以用 28 克牛奶替换。

2. 小兔子耳朵上的粉色面团要比白色面团小
一些，形状可以随意一些。

3. 粉色面团也会有剩余，可以做成兔子头上
的蝴蝶结等。

48

原料

无盐黄油⋯⋯⋯⋯⋯ 50 克　　糖粉⋯⋯⋯⋯⋯⋯⋯ 20 克　　淡奶油⋯⋯⋯⋯⋯⋯⋯ 30 克　　低筋粉⋯⋯⋯⋯⋯ 100 克

纯黑可可粉⋯⋯⋯⋯ 少许　　红曲粉⋯⋯⋯⋯⋯⋯ 少许

做法

50 克无盐黄油室温软化。

加入 20 克糖粉。

用电动打蛋器搅打均匀。

30 克淡奶油分 3 次加入到黄油盆中，每加入一次都要充分打匀再加入下一次。

筛入 100 克低筋粉。

另取两个小碗，分别取出 10 克、20 克面絮，在 10 克面絮中加入少许纯黑可可粉，在 20 克面絮中加入少许红曲粉。

分别揉成面团。

把白色面团先切下来 30 克，再把其他面团分成 12 份备用。

把切下来的那块 30 克白色面团搓长，分成 24 份。

把 24 块小面团搓成水滴形，每两个一组呈 "V" 形码放在不粘烤盘上。

取粉色面团搓长，按压在白色面团中间，这是兔子的耳朵。

把 12 个白色大面团揉圆按扁，放在耳朵中间，稍按压紧实一些。

揪黑色面团做出眼睛和鼻子，多余的黑色面团可以做成小兔子的领结。

用小勺子压出兔子的嘴巴。

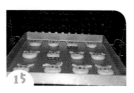

送入预热好的烤箱，中下层，上下火，160 摄氏度、25 分钟，烘烤 10 分钟就加盖锡纸。

数量：15块

小乌龟
饼干

小乌龟，你不在海里玩，怎么跑到二狗妈妈家里来了呀？
我听说二妞宝宝特别可爱，我们想和她做朋友呢……

原料 |

| 无盐黄油·············· 60 克 | 糖粉·············· 25 克 | 鸡蛋·············· 1 个 | 低筋粉·············· 135 克 |
| 抹茶粉·············· 5 克 | 黑芝麻·············· 适量 | 蜜豆·············· 适量 | |

做法 |

60 克无盐黄油室温软化。

加入 25 克糖粉。

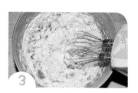

用电动打蛋器把黄油和糖粉打匀。

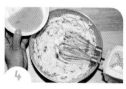

1 个鸡蛋打散后，分 4~5 次加入到黄油盆中，每加入一次用电动打蛋器打匀后再加入下一次。

筛入 135 克低筋粉、5 克抹茶粉。

用刮刀拌匀后揉成面团。

取一个 4 克的面团揉成水滴形做乌龟头，取 4 个 1 克的面团搓长做四肢，再取一个 0.5 克的面团搓长做尾巴，按图中所示摆放在不粘烤盘上。

取一个 10 克的面团搓圆按扁，中间按压出一个坑，放几颗蜜豆。

用面团把蜜豆包起来后揉圆按扁。

放在第 7 步中做的面团中间，稍压一下。

用刮板在大面团上面压出网状印痕。

依次做好所有小乌龟。

用牙签蘸水后再去粘黑芝麻，粘在合适位置后，用牙签戳出嘴巴。

送入预热好的烤箱，中下层，上下火，160 摄氏度、30 分钟，烘烤 10 分钟就加盖锡纸。

● 二狗妈妈碎碎念 ●

1. 小乌龟的大小可以根据您的喜好自由调整，相应的烘烤时间也要进行调整。

2. 为了增加口感，我在"乌龟壳"里面包上了几颗蜜豆，不喜欢可以不放。

3. 用牙签蘸水后再去粘芝麻会比较好操作。

数量：12块

小熊猫
饼干

白云姐姐，你要不要和我们一起吃早饭呀？
不了，你们俩好好吃，你们可是我们全中国人的宝贝呢！

原料

无盐黄油············· 50 克　　糖粉················· 20 克　　淡奶油················· 30 克　　低筋粉············· 100 克
纯黑可可粉··········· 1 克

做法

1　50 克无盐黄油室温软化。

2　加入 20 克糖粉。

3　用电动打蛋器搅打均匀。

4　30 克淡奶油分 3 次加入到黄油盆中，每加入一次都要充分打匀再加入下一次。

5　筛入 100 克低筋粉。

6　另取一个小碗，取出 40 克面絮，在小碗中加入 1 克纯黑可可粉。

7　分别揉成面团。

8　揪 24 个黑色面团，每个大概是 1 克，搓成水滴形，每两个一组呈 "V" 字形码放在不粘烤盘上。

9　把白色面团先切下来 10 克，再把其他面团分成 12 份。

10　把白色面团揉圆按扁，压在黑色 "V" 形面团中间，轻压紧实。

11　揪黑色面团做出熊猫的黑眼圈和鼻子。

12　揪预留的白色面团做出眼睛，再用黑芝麻粘上去作黑眼珠。

13　用小勺子按压出嘴巴。

14　送入预热好的烤箱，中下层，上下火、160 摄氏度、25 分钟，烘烤 10 分钟就加盖锡纸。

> ◆ 二狗妈妈碎碎念 ◆
>
> 1. 淡奶油可以用 28 克牛奶替换。
>
> 2. 熊猫耳朵先做成水滴形，再把脸部面团压上去，这样结合得比较紧实，比搓成圆球粘贴在脸部侧面更稳妥。
>
> 3. 脸部面团一定要按成同样厚度的面片，不然边缘部分容易烤上色，就不好看了。

小猪
饼干

妈妈，我们明天要去参加二妞的生日派对，穿这样可以吗？

原料 |

无盐黄油…………… 50 克　　糖粉………………… 20 克　　淡奶油…………… 30 克　　低筋粉………… 100 克

纯黑可可粉………… 少许　　红曲粉……………… 少许

做法 |

1　50 克无盐黄油室温软化。

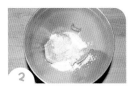
2　加入 20 克糖粉。

3　用电动打蛋器搅打均匀。

4　30 克淡奶油分 3 次加入到黄油盆中，每加入一次都要充分打匀再加入下一次。

5　筛入 100 克低筋粉。

6　另取两个小碗，分别取出 10 克、30 克面絮，在 10 克面絮中加入少许纯黑可可粉，在 30 克面絮中加入少许红曲粉。

7　分别揉成面团。

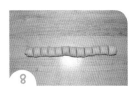
8　把白色面团搓长分成 12 份。

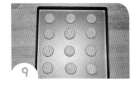
9　分别揉圆按扁码放在不粘烤盘上。

10　揪粉色面团搓圆粘在白色面团中间，用牙签戳出"鼻孔"。

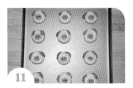
11　把其余的粉色面团分成 24 份，按扁后粘在白色面团上方两侧作"耳朵"。

12　揪黑色面团做出眉毛和眼睛。

13　送入预热好的烤箱，中下层，上下火，160 摄氏度、25 分钟，烘烤 10 分钟就加盖锡纸。

●—◆—— 二狗妈妈碎碎念 ——◆—●

1. 淡奶油可以用 28 克牛奶替换。

2. 小猪耳朵可以随意捏形状，更生动活泼。

3. 如果嫌小猪眼睛部分太难操作，可以用黑色芝麻替代，不过没有这样做得好看哟。

Part 2
挤花饼干

只用一款裱花嘴，就能挤出这么多美味的饼干！

喜欢吃曲奇，就是因为年轻时候到先生家时吃到的那一口难忘的味道，至今我都能回忆起入口时带给我的幸福感……相比较很多饼干书中曲奇多变的造型，我的这个章节显得有些单一，因为自始至终，我只用到了一款裱花嘴，我一直想通过自己的书传达我的美食理念：不依靠特殊模具、特殊材料，我们也可以做出美味可口的食物。这章节的饼干造型虽不多样，但口感可以多变，裱花嘴绝不能限制我们做美食的思路。

本章节共收录了 14 款饼干，其中 10 款曲奇用到了最常见的大号 8 齿星星花嘴，原材料也是大家非常常见的，这些曲奇的花形都可以按您个人的喜好进行改变。

快翻开书看一看，有没有一款曲奇吸引到您？

葱香牛奶
曲奇

午后的阳光斜洒进屋子，坐在窗前，晒着太阳、喝杯咖啡、吃几块自制的小饼干，
让日子就这样从我们的指尖、发梢、耳边……溜走吧……

原料 |

无盐黄油··········	120 克	糖粉·············· 30 克	盐················ 2 克	牛奶·············· 50 克
低筋粉··········	160 克	香葱碎·········· 20 克		

做法 |

1 120 克无盐黄油室温软化。

2 加入 30 克糖粉、2 克盐。

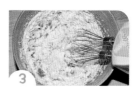

3 用电动打蛋器搅打均匀。

4 将 50 克牛奶分 4~5 次加入到黄油盆中，每加入一次都要充分打匀再加入下一次。

5 筛入 160 克低筋粉。

6 加入 20 克香葱碎。

7 拌匀。

8 硅胶裱花袋装好大号 8 齿星星花嘴。

9 把饼干面团先取少量放入裱花袋。

10 在不粘烤盘上挤出想要的花形。

11 把面糊全部挤完，注意每朵花之间要有空隙。

12 送入预热的烤箱，中层，上下火，170 摄氏度、20 分钟。

◦ 二狗妈妈碎碎念 ◦

1. 香葱要切得细碎一些，不然挤花的时候会不太顺畅。
2. 牛奶也可以换成一个鸡蛋，口感会更酥一些。
3. 裱花袋最好用硅胶袋或布质裱花袋，用一次性的容易挤破。
4. 饼干面团少量装入裱花袋会比较好挤。

淡奶油
曲奇

这款饼干是这本饼干书的开工之作。当我把盆放在案板上，先生又踩在凳子上举着相机俯拍的时候，久违的感觉又回来了……是的，我们的第 7 本书就这样开工了……

原料 |

无盐黄油·········· 130 克　　糖粉················· 35 克　　淡奶油············· 100 克　　低筋粉············· 200 克

做法 |

1 130 克无盐黄油室温软化。

2 加入 35 克糖粉。

3 用电动打蛋器搅打均匀。

4 将 100 克淡奶油分 4~5 次加入到黄油盆中，每加入一次都要充分打匀再加入下一次。

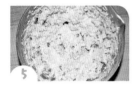

5 这是加完淡奶油的样子。

6 筛入 200 克低筋粉。

7 用刮刀拌匀。

8 硅胶裱花袋装好大号 8 齿星星花嘴。

9 把饼干面糊先少量装入裱花袋。

10 在不粘烤盘上挤出自己喜欢的花形。

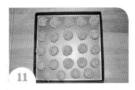

11 把面糊全部挤完，注意每朵花之间要有空隙。

12 送入预热的烤箱，中层，上下火，170 摄氏度、20 分钟。

❖ 二狗妈妈碎碎念 ❖

　　1. 淡奶油可以用 90 克牛奶替换。

　　2. 也可以在饼干面糊中加入少量自己喜欢的坚果碎，比如芝麻、杏仁碎，但颗粒一定要很小哟。

　　3. 注意烘烤时的上色情况，如果您挤的花比较厚，那就再多烤几分钟。

火龙果
曲奇
———

好漂亮的曲奇……
像不像一朵朵小花在盛开？

● 二狗妈妈碎碎念 ●

1. 红心火龙果肉用料理机打成泥，如果没有机器，可以用勺子碾成泥。

2. 曲奇面团每次取少量放入裱花袋，比较好挤。

原料

红心火龙果肉……… 80 克　　无盐黄油………… 130 克　　糖粉……………… 35 克　　低筋粉………… 170 克

做法

1 80 克红心火龙果切小块。

2 用机器打成泥备用。

3 130 克无盐黄油室温软化。

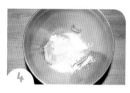
4 加入 35 克糖粉。

5 用电动打蛋器把黄油和糖粉打匀。

6 把红心火龙果泥分 5 次加入黄油中，每加一次都要充分打匀后再加下一次。

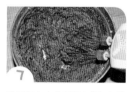
7 这是红心火龙果泥全部加入后的样子。

8 筛入 170 克低筋粉。

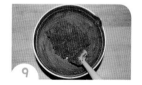
9 用刮刀拌匀。

10 硅胶裱花袋装入大号星星花嘴。

11 把饼干面团先取少量放入裱花袋。

12 在不粘烤盘上挤出想要的花形。

13 把面糊全部挤完，注意每朵花之间要有空隙。

14 送入预热好的烤箱，中层，上下火，170 摄氏度、25 分钟，烘烤 10 分钟后就加盖锡纸。

可可
曲奇

入口浓郁的可可曲奇，像极了我们越过越浓的生活，厚重而不失味道，简单却不失温暖……

原料

无盐黄油⋯⋯⋯⋯ 150 克　　糖粉⋯⋯⋯⋯⋯⋯ 50 克　　鸡蛋⋯⋯⋯⋯⋯ 1 个　　低筋粉⋯⋯⋯⋯⋯ 150 克
可可粉⋯⋯⋯⋯⋯ 20 克

做法

1 150 克无盐黄油室温软化。

2 加入 50 克糖粉。

3 用电动打蛋器搅打均匀。

4 1 个鸡蛋打散后，分 4~5 次加入到黄油盆中，每加入一次用电动打蛋器打匀后再加入下一次。

5 筛入 150 克低筋粉、20 克可可粉。

6 用刮刀拌匀。

7 硅胶裱花袋装好大号 8 齿星星花嘴。

8 把饼干面团先取少量放入裱花袋。

9 在不粘烤盘上挤出想要的花形。

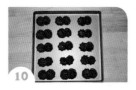

10 把面糊全部挤完，注意每朵花之间要有空隙。

11 送入预热的烤箱，中层，上下火，170 摄氏度、20 分钟。

●~ **二狗妈妈碎碎念** ~●

1. 花形随您喜欢，我挤的是 S 形。
2. 如果喜欢脆硬一些的口感，可以将低筋粉中的 30 克替换成高筋粉，也很好吃哟⋯⋯

榴莲
曲奇

浓浓的榴莲味儿，
吃一个就停不下来了……

原料

| 冻干榴莲肉⋯⋯⋯ 40 克 | 无盐黄油⋯⋯⋯ 150 克 | 糖粉⋯⋯⋯⋯⋯ 35 克 | 淡奶油⋯⋯⋯⋯ 40 克 |
| 低筋粉⋯⋯⋯⋯ 170 克 | 玉米淀粉⋯⋯⋯⋯ 10 克 | | |

做法

1 40 克冻干榴莲肉放在研磨机中磨成粉备用。

2 150 克无盐黄油室温软化。

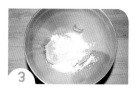

3 加入 35 克糖粉。

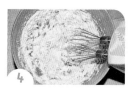

4 用电动打蛋器搅打均匀。

5 将 40 克淡奶油分 3~4 次加入到黄油盆中，每加入一次都要充分打匀再加入下一次。

6 这是加完淡奶油的样子。

7 筛入 170 克低筋粉、10 克玉米淀粉、40 克冻干榴莲粉。

8 用刮刀拌至无干粉状态。

9 硅胶裱花袋装好大号 8 齿星星花嘴。

10 把饼干面糊先少量装入裱花袋。

11 在不粘烤盘上挤出您喜欢的花形。

12 把面糊全部挤完，注意每朵花之间要有空隙。

13 送入预热的烤箱，中层，上下火，190 摄氏度、8 分钟后转 120 摄氏度，再 25 分钟，上色及时加盖锡纸。

❖ 二狗妈妈碎碎念 ❖

1. 我挤的花形比较厚，所以要先 190 摄氏度高温定型，再用 120 摄氏度低温烘烤，把内部烤透。

2. 冻干榴莲肉网购即可，一定要选择大品牌的。

抹茶
曲奇

——

"这是什么造型呀？挺别致呀！"
哈哈，我随意挤的这款曲奇，先生看到后用范伟老师演小品里的语气问我，把我逗得直笑！

原料

无盐黄油……… 150 克	糖粉……………… 45 克	盐…………… 1 克	牛奶………… 30 克
低筋粉……… 160 克	抹茶粉……………… 15 克		

做法

1 150 克无盐黄油室温软化。

2 加入 45 克糖粉、1 克盐。

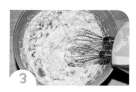

3 用电动打蛋器搅打均匀。

4 将 30 克牛奶分 3~4 次加入到黄油盆中，每加入一次都要充分打匀再加入下一次。

5 筛入 160 克低筋粉、15 克抹茶粉。

6 用刮刀拌至无干粉状态。

7 硅胶裱花袋装好大号 8 齿星星花嘴。

8 把饼干面团先取少量放入裱花袋。

9 在不粘烤盘上挤出想要的花形。

10 把面糊全部挤完，注意每朵花之间要有空隙。

11 送入预热的烤箱，中层，上下火，170 摄氏度、20 分钟。

❀ 二狗妈妈碎碎念 ❀

1. 花形随您喜欢，我挤的是波浪形，而且每块曲奇较大。
2. 烘烤时一定注意看着表面颜色，抹茶曲奇一定不要让表面上色哟，不然颜色不好看。
3. 如果您用的不是三能黄金烤盘，那需要降低下火温度。
4. 抹茶粉请选用品质好的，不然颜色不好看。

玉米面黑芝麻
曲奇

给普通的牛奶曲奇加一点点料，
吃起来就会有小惊喜……

原料

无盐黄油⋯⋯⋯⋯ 150 克	糖粉⋯⋯⋯⋯⋯⋯⋯ 35 克	盐⋯⋯⋯⋯⋯⋯⋯⋯ 1 克	牛奶⋯⋯⋯⋯⋯⋯ 30 克
低筋粉⋯⋯⋯⋯⋯ 150 克	细玉米面⋯⋯⋯⋯⋯ 30 克	熟黑芝麻⋯⋯⋯⋯⋯ 15 克	

做法

1. 150 克无盐黄油室温软化。

2. 加入 35 克糖粉、1 克盐。

3. 用电动打蛋器搅打均匀。

4. 30 克牛奶分 3~4 次加入到黄油盆中，每加入一次都要充分打匀再加入下一次。

5. 筛入 150 克低筋粉、30 克细玉米面。

6. 加入 15 克熟黑芝麻。

7. 用刮刀拌至无干粉状态。

8. 硅胶裱花袋装入大号星星花嘴。

9. 把饼干面团先取少量放入裱花袋。

10. 在不粘烤盘上挤出想要的花形。

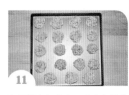

11. 把面糊全部挤完，注意每朵花之间要有空隙。

12. 送入预热好的烤箱，中层，上下火、170 摄氏度、25 分钟，上色及时加盖锡纸。

◆ 二狗妈妈碎碎念 ◆

1. 黑芝麻一定不要再加量了，因为会堵住裱花嘴，造成挤出的花形不美观。
2. 细玉米面可以用等量杂粮粉替换，如果没有杂粮粉，可以用等量低筋粉替换。
3. 不加黑芝麻，就是牛奶曲奇哟⋯⋯

紫薯牛奶
曲奇

这美丽的紫色，是花儿吗？
还是我们喜欢的紫色蓬蓬裙？

◆ 二狗妈妈碎碎念 ◆

1. 紫薯放在保鲜袋里一定要擀得细一些，不然在挤花的时候不太顺畅。

2. 挤的花形不一样，烘烤的时间就不一样，我挤的这款花形比较厚，所以烘烤的时间较长。

3. 曲奇面团每次取少量放入裱花袋，比较好挤。

原料

蒸熟凉透的紫薯…… 80 克　　牛奶………………… 50 克　　无盐黄油………… 120 克　　糖粉………………… 35 克
低筋粉…………… 160 克

做法

1 将 80 克蒸熟凉透的紫薯放在保鲜袋里，用擀面杖擀成泥。

2 把紫薯泥放在盆中，加入 50 克牛奶。

3 充分搅匀备用。

4 120 克无盐黄油室温软化，加入 35 克糖粉。

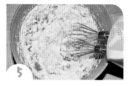

5 用电动打蛋器把黄油和糖粉打匀。

6 加入紫薯牛奶泥。

7 用电动打蛋器打匀。

8 筛入 160 克低筋粉。

9 拌至无干粉状态。

10 硅胶裱花袋装入大号星星花嘴。

11 把饼干面团先取少量放入裱花袋。

12 在不粘烤盘上挤出想要的花形。

13 把面糊全部挤完，注意每朵花之间要有空隙。

14 送入预热好的烤箱，中层，上下火、160 摄氏度、35 分钟，烘烤 10 分钟后就加盖锡纸。

植物油原味
曲奇

植物油版的曲奇，吃起来虽然没有黄油香，但却是浓浓的蛋香，也很好吃哟……

原料

玉米油⋯⋯⋯⋯⋯ 70 克　　鸡蛋⋯⋯⋯⋯⋯ 1 个　　糖⋯⋯⋯⋯⋯ 30 克　　低筋粉⋯⋯⋯⋯ 130 克

做法

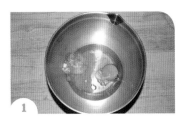
70 克玉米油倒入盆中，加入 1 个鸡蛋、30 克糖。

用电动打蛋器高速打发 5 分钟，至所有液体充分融合，并且颜色变白。

筛入 130 克低筋粉。

用刮刀拌至无干粉状态。

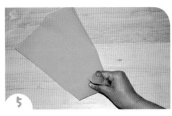
硅胶裱花袋装好大号 8 齿星星花嘴。

把饼干面糊装入裱花袋。

在不粘烤盘上挤出自己喜欢的花形。

把面糊全部挤完，注意每朵花之间要有空隙。

送入预热的烤箱，中层，上下火，180 摄氏度、20 分钟。

◆● 二狗妈妈碎碎念 ●◆

1. 这款曲奇的重点就是在第 2 步，用电动打蛋器高速打发 5 分钟以上，一定要把玉米油和鸡蛋打至发白的状态，才能确保做出来的曲奇花纹清晰。

2. 用这款曲奇面糊做基底，您可以在面糊中加入芝麻或者香葱碎，做成口感更丰富的曲奇。

3. 曲奇的花形随您喜欢，但要注意烘烤的时间要根据您挤的花形薄厚进行调整。

黑醋栗蛋白
曲奇

黑醋栗，这么洋气的食材我之前是不知道的，认识虎哥以后，他给我快递了两包冻干黑醋栗，吃起来酸极了，泡水喝也是酸到沁人心脾，那咱们磨成粉做成饼干会怎么样呢？于是，这款黑醋栗蛋白曲奇就诞生了……因为黑醋栗特有的酸，所以我特意加大了糖的用量，使用蛋白，是想让曲奇口感更脆一些，做好凉透以后，吃一口，回味无穷……

原料

无盐黄油………… 100 克	糖粉……………… 50 克	盐………………… 1 克	蛋白…………… 1 个份
低筋粉………… 150 克	黑醋栗粉………… 20 克		

做法

20 克冻干黑醋栗研磨成粉备用。

100 克无盐黄油室温软化。

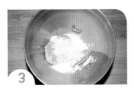
加入 50 克糖粉、1 克盐。

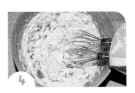
用电动打蛋器搅打均匀。

将蛋白（约 40 克）分两次加入盆中，每加入一次都要打匀后再加下一次。

筛入 150 克低筋粉、20 克黑醋栗粉。

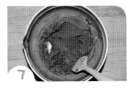
用刮刀拌至无干粉状态。

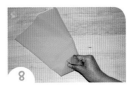
硅胶裱花袋装好大号 8 齿星花嘴。

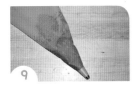
把饼干面糊先少量装入裱花袋。

在不粘烤盘中挤出想要的形状。

依次挤完所有饼干面糊。

送入预热的烤箱，中层，上下火，170 摄氏度、15~18 分钟，上色及时加盖锡纸。

◆ 二狗妈妈碎碎念 ◆

1. 冻干黑醋栗网购即可，研磨成粉时尽量磨得细一些。

2. 因为挤出的饼干生坯厚度不同，要根据实际情况调整烘烤时间。

数量：26块左右

手指
饼干

做提拉米苏必不可少的手指饼干，干嘛要出去买？自己做就行呀，很简单的哟……

原料

鸡蛋⋯⋯⋯⋯⋯ 2个　糖⋯⋯⋯⋯⋯ 30克　低筋粉⋯⋯⋯⋯⋯ 60克　糖粉⋯⋯⋯⋯⋯ 适量

做法

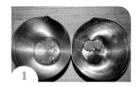
1 将鸡蛋蛋白、蛋黄分开，蛋白盆中一定无油无水。

2 蛋白盆中加入30克糖，用电动打蛋器打至提起打蛋器有硬挺尖角状态备用。

3 用电动打蛋器把蛋黄打至体积变大，颜色发白的状态。

4 挖1/3的蛋白加到蛋黄盆中。

5 翻拌均匀后加入蛋白盆中，继续翻拌均匀。

6 60克低筋粉分两次筛入盆中，每筛入一次都要翻拌均匀。

7 这是加入低筋粉拌匀后的状态。

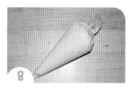
8 把面糊装入裱花袋。

9 裱花袋剪小口，把面糊挤到铺了油纸的烤盘上，面糊挤成长条，宽约1厘米，长约8厘米。

10 在表面筛上一层糖粉。

11 送入预热好的烤箱，中层，上下火、190摄氏度、13分钟。

二狗妈妈碎碎念

1. 先用电动打蛋器打发蛋白，然后打蛋头无须清洗直接去打发蛋黄，这样可以省去清洗打蛋头的时间。

2. 蛋白糊与蛋黄糊混合时一定要注意手法，不要划圈搅拌。

3. 低筋粉分两次筛入，是为了量少一些，好拌匀一些。

4. 烘烤时间要根据您挤的手指饼干厚度来确定，一定要烤至焦黄哟。

罗马
盾牌

罗马盾牌，多好听的一个名字，听说是因为形似盾牌而得名……
吃一口，从此您会爱上这款饼干……

原料 |

无盐黄油…………… 40 克   糖粉…………… 25 克   蛋白……………   1 个   低筋粉…………… 80 克
馅心：
无盐黄油…………… 20 克   麦芽糖…………… 30 克   杏仁片…………… 25 克

做法 |

1. 40 克无盐黄油室温软化。

2. 加入 25 克糖粉。

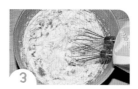
3. 用电动打蛋器搅打均匀。

4. 将蛋白（约 40 克）分两次加入盆中，每加入一次都要打匀后再加下一次。

5. 筛入 80 克低筋粉。

6. 用刮刀拌至无干粉状态。

7. 装入裱花袋备用。

8. 将 20 克无盐黄油、30 克麦芽糖放入小锅中。

9. 小火加热至完全熔化后，加入 25 克杏仁片，混合均匀备用。

10. 把裱花袋剪小口后，在不粘烤盘上挤出宽约 3 厘米、长约 5 厘米的椭圆形小圈。

11. 把杏仁片放在面圈中间，不要填充太满。

12. 送入预热的烤箱，中层，上下火，170 摄氏度、12 分钟左右。

─── 二狗妈妈碎碎念 ───

1. 我不喜欢太甜的饼干，所以馅心部分我没有再加糖，麦芽糖的甜度不太够，但如果您吃饼干时不是单独吃馅心，整体口感是不错的，如果您很爱吃甜的，那就在馅心部分再加 10 克糖吧。

2. 烘烤时一定要注意上色情况，一不小心就会上色过度，尤其是如果您用烤箱自带的烤盘时，烘烤 8 分钟时就要看上色情况哟。

3. 饼干出炉后不要着急移动，待凉后再移动。

蛋卷

香酥可口的蛋卷不用去买，咱自己就能做，保证孩子们一口接一口，停不下来……

原料

无盐黄油·········· 100 克　　鸡蛋·············· 2 个　　蛋黄·············· 1 个　　糖·············· 50 克
低筋粉············ 80 克　　熟黑芝麻········· 5 克　　可可粉··········· 2 克

做法

将 100 克无盐黄油熔化成液态备用，2 个鸡蛋全蛋打入盆中，再加入 1 个蛋黄。

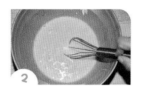

把黄油加到鸡蛋盆中搅匀。

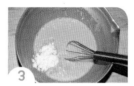

加入 50 克糖搅匀。

筛入 80 克低筋粉。

充分搅匀。

加取一个大碗，把面糊分出来约 120 克，在大盆中加入 5 克熟黑芝麻，在大碗中加入 2 克可可粉。

分别搅匀备用。

蛋卷锅小火加热，取一小勺面糊放在锅中央。

把锅上下合紧，正反两面各加热 30~50 秒，打开锅，蛋卷已呈现金黄色。

用一双筷子辅助，把蛋卷皮卷起来，抽出筷子，依次做完所有面糊，凉透后食用。

● 二狗妈妈碎碎念 ●

1. 鸡蛋我用的是 2 个全蛋 +1 个蛋黄，为的是蛋卷口感更酥一些。

2. 我做了两个口味的，如果您不喜欢，可以省略第 6、第 7 步骤，直接在原味面糊中加入熟黑芝麻即可，用量可以稍增加。

3. 蛋卷锅网上有售，如果不想购置，可以用平底锅做，平底锅不加热，把少量面糊放入锅中，用刮板抹平，再开小火煎至两面金黄后卷起。注意每次面糊放入锅中时，锅一定是要凉的。

4. 要时刻观察蛋卷片的上色情况，30~50 秒只是我给的一个参考时间。

蛋白芝麻
脆饼

这款脆饼我考虑好久，我应该把这款脆饼放在哪个章节呢？
因为这款脆饼可以用挤的方法，所以勉强把它放在这个章节吧！

原料

蛋白…………… 1个　　糖………………… 15克　　玉米油…………… 10克　　低筋粉…………… 15克
熟白芝麻………… 10克

做法

① 将蛋白放入盆中，加入15克糖、10克玉米油。

② 充分搅匀。

③ 筛入15克低筋粉，再加入10克熟白芝麻。

④ 充分搅匀。

⑤ 把面糊倒入铺了油纸的烤盘中，用刮板抹开，越薄越好。

⑥ 送入预热好的烤箱，中层，上下火，180摄氏度、12~15分钟至面糊呈棕褐色，出炉凉透按自己喜欢的大小掰成小块即可。

● 二狗妈妈碎碎念 ●

1. 把脆饼面糊铺到油纸上时，用刮刀刮干净盆中面糊。在油纸上用刮板往外抹开，一定要薄一些，这样比较容易烤透烤干。

2. 熟白芝麻可以用熟黑芝麻替换，也可以用杏仁片替换。

3. 一定要把面糊烤至棕褐色才可以关火出炉，不然不脆不好吃。

4. 也可以把面糊装入裱花袋，在烤盘上挤出小圆饼干生坯，入烤箱烘烤至焦黄即可。

Part 3
简易切割饼干

不会整形？别怕！这一章节只需要擀一擀、切一切，就可以做出美味饼干啦！

很多朋友说，自己手笨，不会整形，做出来的饼干可丑了……
那么相信我吧，本章节共收录了18款美味饼干，所有饼干的整形手法，就是擀平、切块或切条，最多再加一点儿扭的手法，就可以烘烤啦！
快试试吧，做出的饼干一定不会丑的……

数量：约20根

淡奶油
阿拉棒

啥是阿拉棒？我专门百度了一下，是意大利式硬面棒，很多美食达人都会做一些无油无糖的阿拉棒给宝宝作磨牙棒。这款阿拉棒，用了淡奶油，糖量也不多，如果宝宝吃，可以把糖呀盐呀都去除哟！

原料

鸡蛋·············· 1 个	淡奶油··············· 40 克	糖·················· 20 克	盐·················· 1 克
低筋粉·········· 160 克	全蛋液·············· 适量		

做法

① 将鸡蛋打入盆中，加入 40 克淡奶油、20 克糖、1 克盐。

② 充分搅匀。

③ 加入 160 克低筋粉。

④ 揉成面团，盖好静置 30 分钟。

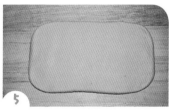

⑤ 把面团放在案板上擀成约 5 毫米厚的长方形面片。

⑥ 切成 1 厘米宽的长条。

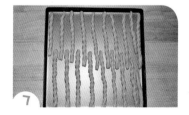

⑦ 把长条扭几下后，码放在不粘烤盘上。

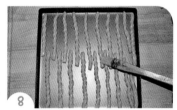

⑧ 表面刷全蛋液。

⑨ 送入预热好的烤箱，中下层，上下火，170 摄氏度、30 分钟，上色及时加盖锡纸。

二狗妈妈碎碎念

1. 面粉的吸水性不一样，此款面团是偏硬一些的哟。
2. 如果您喜欢吃坚果，还可以在面团中加入坚果碎。
3. 没有淡奶油可以用 30 克牛奶替换。
4. 扭完的长条放在烤盘上时，可以在两端抹一点儿水，粘在烤盘上，这样不容易松开。

焦糖杏仁
酥饼

好吃到爆炸的一款酥饼，别看我做的量比较大，相信我，这一大盘也就够咱家人吃两天……

原料

酥饼面团：

无盐黄油…………… 200 克	糖粉………………… 60 克	鸡蛋……………… 1 个	低筋粉………… 280 克
杏仁粉…………… 60 克			

焦糖杏仁：

无盐黄油………… 80 克	淡奶油…………… 60 克	麦芽糖…………… 80 克	糖……………… 50 克
杏仁片………… 120 克			

做法

60 克杏仁片用研磨杯磨成粉备用。

200 克无盐黄油室温软化，加入 60 克糖粉。

用电动打蛋器搅打均匀。

1 个鸡蛋打散后，分 4~5 次加入到黄油盆中，每加入一次用电动打蛋器打匀后再加入下一次。

筛入 280 克低筋粉。

再加入 60 克杏仁粉。

用刮刀拌至无干粉状态。

把面团放在铺了油纸的 28 厘米 ×28 厘米的烤盘中，盖上一张保鲜袋，用擀面杖擀平。

用叉子在上面叉满小孔。

10 送入预热好的烤箱，中下层，上下火，170摄氏度、30分钟。

11 出炉后备用。

12 80克无盐黄油、60克淡奶油、80克麦芽糖、50克糖放入小锅中。

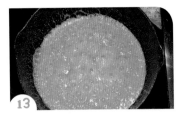

13 小火加热至颜色变褐色，此时用温度计测温，约115摄氏度。

14 加入120克杏仁片混合均匀。

15 铺在出炉的饼干上，用刮刀抹匀。

16 送入预热好的烤箱，中下层，上下火，170摄氏度、20分钟，至表面焦糖杏仁变棕褐色即可出炉，出炉趁热脱模，切成喜欢的大小，凉透食用。

◆━━ 二狗妈妈碎碎念 ━━◆

　　1. 杏仁粉您也可以买市售的，我觉得自己打碎的更真材实料。

　　2. 把酥饼面团混合均匀后，放入烤盘前，一定要在烤盘里铺油纸，这样方便最后出炉后的脱模。

　　3. 酥饼面团放在烤盘上，表面放一个保鲜袋，再用擀面杖擀，会不粘，方便操作。

　　4. 熬焦糖时，注意颜色变化，要变成浅褐色时基本上就差不多了，如果有温度计可以测一下温度，大概是115摄氏度。

　　5. 表面杏仁可以换成您喜欢的坚果碎。

数量：约15块

可可坚果
意式脆饼

闲来喝杯茶，搭配这一款没有啥负担的意式脆饼，整个心情都会跟着温暖起来……

原料

鸡蛋·············· 1 个	牛奶·············· 50 克	糖·············· 45 克	玉米油·············· 10 克
低筋粉·············· 180 克	可可粉·············· 20 克	即食燕麦片·········· 20 克	无铝泡打粉·········· 4 克
坚果·············· 60 克			

做法

1 个鸡蛋打入盆中，加入 50 克牛奶、45 克糖、10 克玉米油。

充分搅匀。

加入 180 克低筋粉、20 克可可粉、20 克即食燕麦片、4 克无铝泡打粉。

再加入 60 克喜欢的坚果。

揉成面团。

把面团放在案板上整理成长约 20 厘米，宽约 12 厘米的厚面片。

把厚面片放在不粘烤盘上。

送入预热好的烤箱，中下层，上下火，160 摄氏度、30 分钟。

把烤好的厚面片放在晾网上晾 20 分钟。

把还有点儿温热的厚面片切成宽约 1 厘米的片。

把切片朝上码放在不粘烤盘中。

送入预热好的烤箱，中下层，上下火，150 摄氏度、30 分钟，上色及时加盖锡纸。

◆ 二狗妈妈碎碎念 ◆

1. 第一次烘烤后，把烘烤后的面团取出来一定要晾一晾，才好进行下一步。

2. 切片时最好用锯齿刀，这样不容易切碎。

3. 第二次烘烤一定要烤干烤透。

4. 玉米油可以用橄榄油替换，也可以省略不放。

蓝莓核桃
酥饼

———

吃到嘴里会爆浆的酥饼哟，酸酸甜甜的，幸福感倍增！

1.核桃仁碎可以用您喜欢的干果碎替换，如果没有，也可以不放。

2.蓝莓用低筋粉裹一下，能够更好地和饼底粘在一起。

3.油酥粒一定要填满蓝莓中间的缝隙。

4.这款酥饼因为加入了大量蓝莓，保质期不会很长，请最好在3天内食用完。

原料

酥饼底：

鸡蛋·················· 1 个　　　玉米油·············· 120 克　　　糖·················· 50 克　　　低筋粉············· 230 克
核桃仁碎··········· 50 克

爆浆蓝莓：

蓝莓·············· 370 克　　　低筋粉·············· 30 克

油酥粒：

低筋粉············· 140 克　　　奶粉·············· 40 克　　　糖·················· 15 克　　　无盐黄油············· 90 克

做法

1 50 克熟核桃仁切碎备用。

2 1 个鸡蛋打入盆中。

3 加入 120 克玉米油、50 克糖。

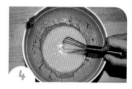

4 充分搅匀。

5 加入 230 克低筋粉和之前切碎的核桃仁碎。

6 揉成面团，盖好备用。

7 370 克蓝莓洗净后，加入 30 克低筋粉。

8 晃动盆，使蓝莓都裹上一层面粉，备用。

9 140 克低筋粉放入盆中，加入 40 克奶粉、15 克糖，90 克室温软化后的无盐黄油。

10 用手搓成颗粒状备用，这是油酥粒。

11 把第 6 步骤做好的面团放在铺好油纸的 28 厘米 ×28 厘米的烤盘中，用擀面杖擀成薄片，与烤盘一样大小。

12 把蓝莓铺在上面，尽量分布均匀。

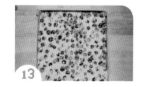

13 把油酥粒铺在上面，尽量把蓝莓之间的缝隙填满。

14 送入预热好的烤箱，中下层，上下火，180 摄氏度、40 分钟，上色及时加盖锡纸，出炉凉透后再从烤盘中取出，切块食用。

老式发面
大饼干

有一天，微博私信有位亲亲跟我说：二狗妈妈，您能做东北的大饼干吗？我说我有时间就研究哈！然后，我在网上买了一包，酥酥的，有蛋香有面香，就是感觉太甜……那咱自己做，就把糖量减到最少吧，总之多吃糖也是对健康不好的嘛……

原料

鸡蛋⋯⋯⋯⋯⋯ 3 个	玉米油⋯⋯⋯⋯ 110 克	糖⋯⋯⋯⋯⋯⋯ 50 克	酵母⋯⋯⋯⋯⋯ 4 克
中筋粉⋯⋯⋯⋯ 400 克	无铝泡打粉⋯⋯⋯ 4 克		

表面装饰：

全蛋液⋯⋯⋯⋯ 适量	熟白芝麻⋯⋯⋯⋯ 适量

做法

将 3 个鸡蛋打入盆中。

加入 110 克玉米油、50 克糖、4 克酵母。

充分搅匀。

筛入 400 克中筋粉、4 克无铝泡打粉。

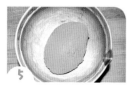

搅匀后用手揉成面团，盖好静置 30 分钟。

把面团放在案板上擀成 5 毫米厚的方形面片。

用刀切成大方块，我切的大概是宽 6 厘米，长 10 厘米。

码放在不粘烤盘上。

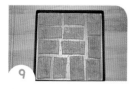

表面刷全蛋液、撒熟白芝麻。

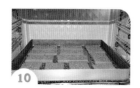

送入预热好的烤箱，中下层，上下火，170 摄氏度、30 分钟，上色及时加盖锡纸。

二狗妈妈碎碎念

1. 饼干的大小按自己的喜好来切，因为这款是东北地区老式的大饼干，所以个头较大，您也可以切成小块来烤。

2. 表面装饰的熟白芝麻可省略，也可以换成黑芝麻。

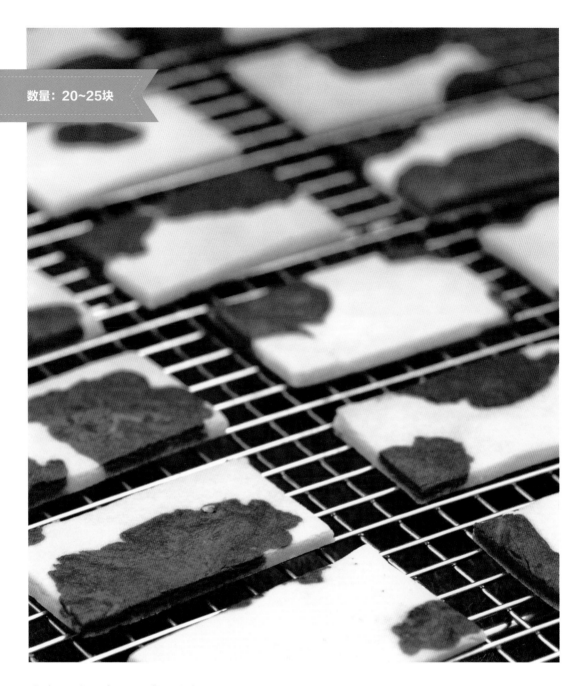

炼乳奶牛纹
饼干

做这款饼干的时候，我一直在想：加了炼乳的饼干会很甜腻吗？
做好了以后迫不及待地尝了一块，完全没有甜腻的感觉哟！那一点点盐的加入，真的是恰到好处！

99

原料 |

无盐黄油·············· 70 克   炼乳·················· 85 克   盐·················· 1 克   低筋粉·············· 150 克
可可粉·············· 3 克

做法 |

70 克无盐黄油室温软化。

加入 85 克炼乳。

再加入 1 克盐，充分拌匀。

筛入 150 克低筋粉。

拌成絮状。

另取一个小碗，分出 40 克面絮后，在小碗中加入 3 克可可粉。

分别揉成面团。

把白色面团放在案板上擀成 5 毫米厚的方形面片。

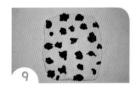

把可可面团随意揪成大小不一的面团，放在白色面片上。

用一张保鲜袋盖在面团上面，用擀面杖擀成约 2 毫米厚的薄片。

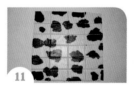

用刮板切成自己喜欢的形状。

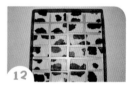

码放在不粘烤盘中。

送入预热好的烤箱，中层，上下火，170 摄氏度、15 分钟，烘烤 8 分钟后就加盖锡纸。

◆ 二狗妈妈碎碎念 ◆

1. 可可面团一定要非常随意地揪下来，不用统一大小，这样出来的奶牛纹才会自然。

2. 烘烤 8 分钟就加盖锡纸，是怕饼干上色，这款饼干如果上色稍深就不好看咯。

3. 如果您有奶牛形状的饼干模具，那直接在擀好的面片上扣出饼干，会更好看呢！

奶酪玉米面
芝麻饼

———

不甜，稍有一点儿咸味，满口的奶酪香和芝麻香，这是一款值得您试试的饼干……

原料

无盐黄油…………	100 克	奶油奶酪…………	100 克	糖粉…………	50 克	盐…………	2 克
鸡蛋…………	1 个	低筋粉…………	160 克	细玉米面…………	80 克	熟黑芝麻…………	15 克

表面装饰：

全蛋液………… 适量

做法

1 100 克无盐黄油放入盆中，加入 100 克奶油奶酪，室温软化。

2 加入 50 克糖粉、2 克盐。

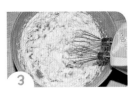

3 用电动打蛋器搅打均匀。

4 1 个鸡蛋打散后，分 4~5 次加入到黄油盆中，每加入一次用电动打蛋器打匀后再加入下一次。

5 筛入 160 克低筋粉、80 克细玉米面。

6 再加入 15 克熟黑芝麻。

7 拌至无干粉状态。

8 把面团倒在铺有油纸的烤盘中，上面盖保鲜袋，用擀面杖擀成和烤盘一样大小的面片。

9 用叉子在面片上叉满眼。

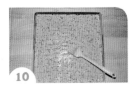

10 刷一层全蛋液。

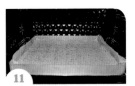

11 送入烤箱，中下层，上下火，180 摄氏度、35 分钟，上色及时加盖锡纸。

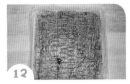

12 出炉后趁热切成想要的大小，凉透食用。

◆ 二狗妈妈碎碎念 ◆

1. 玉米面要选择细玉米面，不然有颗粒感不太好吃，如果没有就用等量低筋粉替换。

2. 芝麻可以换成您喜欢的坚果碎。

3. 出炉趁热切比较好切，如果凉透了再切，很容易切碎。

4. "奶油奶酪"，英文名为 cream cheese，是一种未成熟的全脂奶酪（好多人问我"奶油奶酪"是不是两种原料，所以特意在这里解释一下，您购买的时候认准英文"cream cheese"就可以了）。

葡萄
奶酥

非常经典的一款饼干，吃到嘴里根本不用牙咬，嘴稍一抿就可以融化在口中，
奶香十足，非常好吃哟……

原料

无盐黄油·············· 80 克	糖粉·············· 30 克	蛋黄·············· 2 个	低筋粉·············· 140 克
奶粉·············· 20 克	葡萄干·············· 60 克		

表面装饰：

蛋黄液·············· 适量

做法

1 60 克葡萄干用水泡 10 分钟后沥干水分备用。

2 80 克无盐黄油室温软化。

3 加入 30 克糖粉。

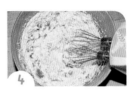

4 用电动打蛋器搅打均匀。

5 将 2 个蛋黄分两次加入到黄油盆中，每加入一次用电动打蛋器打匀后再加入下一次。

6 筛入 140 克低筋粉、20 克奶粉。

7 把沥干水分的葡萄干放到盆中。

8 用刮刀拌至无干粉状态。

9 把面团放在案板上，擀成厚约1 厘米的方形面片。

10 切成喜欢的大小。

11 码放在不粘烤盘上。

12 表面刷蛋黄液。

13 送入预热好的烤箱，中下层，上下火，180 摄氏度、20 分钟。

二狗妈妈碎碎念

1. 葡萄干如果个头太大，要切碎一些再用。

2. 分切大小随您喜欢。

3. 此款饼干只用到蛋黄，蛋白您可以移至其他用到蛋白的饼干。

无油全麦黑芝麻
意式脆饼

我的微信群里有一位静澈姑娘，手巧极了，给我做过手工玩偶，做过手工包包，图片中的杯子垫是她刚刚送我的，自己钩的，我觉得和这个杯子上的火烈鸟搭配起来特别好看……这个杯子是姜姜新婚时送我的，我和她的故事还真能跟大家唠一唠，但版面有限，找机会再和你们聊吧……这款饼干无油，全麦粉的用量也比较大，吃起来是越嚼越香，如果家里老人吃不了糖，那您用 2 克盐替换糖就行了……

原料

低筋粉…………… 80 克	全麦粉…………… 80 克	黑芝麻粉………… 20 克	糖……………… 30 克
无铝泡打粉……… 2 克	鸡蛋……………… 2 个	熟黑芝麻………… 15 克	

做法

1 80克低筋粉、80克全麦粉、20克黑芝麻粉、30克糖放入盆中，加入 2 克无铝泡打粉。

2 混合均匀。

3 加入 2 个鸡蛋。

4 稍拌匀后加入 15 克熟黑芝麻。

5 揉成面团后放在不粘烤盘上，整理成厚度约 3 厘米的片。

6 送入预热好的烤箱，中下层，上下火，180 摄氏度、30 分钟，上色及时加盖锡纸。

7 出炉后稍凉不烫手时切成 5 毫米厚的片。

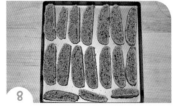

8 码放在不粘烤盘上。

9 送入预热好的烤箱，中下层，上下火，160 摄氏度、30 分钟，上色及时加盖锡纸。

❖ 二狗妈妈碎碎念 ❖

1. 熟黑芝麻可以用您喜欢的干果替换。

2. 全麦粉要用带麸皮的那种，口感更粗粝一些。

3. 切片时最好用锯齿刀，并且一定要凉至不烫手时再切，这样不容易切碎。

4. 不管您切片薄厚，第二次烘烤一定要烤干烤透。

数量：20块左右

全麦
巧克力棒

粗糙的饼干口感加上香醇的巧克力，还有坚果碎的加入，真的很好吃哟……

原料

无盐黄油·············· 50 克	糖粉················· 30 克	淡奶油·············· 30 克	低筋粉················ 80 克
全麦粉·············· 40 克			

表面装饰：

黑巧克力·········· 100 克	坚果碎········· 20 克

做法

1 50 克无盐黄油室温软化，加入 30 克糖粉。

2 用电动打蛋器搅打均匀。

3 将 30 克淡奶油分 3~4 次加入到黄油盆中，每加入一次都要充分打匀再加入下一次。

4 筛入 80 克低筋粉。

5 再加入 40 克全麦粉。

6 用刮刀拌匀后，揉成面团。

7 把面团放在案板上，擀成 2 毫米厚的长方形面片。

8 用刀切成宽约 1 厘米的长条。

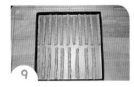

9 码放在不粘烤盘上。

10 送入预热好的烤箱，中下层，上下火、170 摄氏度、25 分钟，上色及时加盖锡纸，出炉凉透备用。

11 100 克黑巧克力放入碗中，隔水熔化，加入 20 克坚果碎拌匀。

12 把凉透的饼干棒放在巧克力中翻滚一下，巧克力凝固后即可食用。

❖ 二狗妈妈碎碎念 ❖

1. 30 克淡奶油可以用 28 克牛奶替换。

2. 全麦粉可以用您喜欢的杂粮粉替换。

3. 外面装饰可以不放，但裹了巧克力更好吃，坚果选择您喜欢的切碎就行。

数量：40~45块

听说这款是网红饼干，咱可不能不赶潮流呀！必须做起来 ~~~~ 口感真的是好到出乎您的意料 ~~~~

咸蛋黄
酥饼

二狗妈妈碎碎念

1. 咸蛋黄一定要烤熟，擀得细碎一些效果更好。

2. 第 11 步骤请注意，一共进行了 3 次擀长三折面片的操作。如果嫌麻烦，可以只进行两次。

3. 如果没有齿形轮刀，也可以用普通的刀，如果喜欢吃小一些的，那就在改刀的时候，切得小一些，烘烤时间也会缩短一些。

原料

咸蛋黄油酥面团：

中号咸蛋黄·······8个(约95克)　玉米油················· 70 克　低筋粉············· 100 克　盐··················· 3 克

水油皮面团：

鸡蛋·················· 1 个　玉米油················· 30 克　糖···················· 40 克　水··················· 40 克

中筋粉············· 200 克

做法

1 8个中号咸蛋黄（约95克）喷白酒后放入预热好的烤箱，中层，180摄氏度、10分钟。

2 凉凉后放进保鲜袋，用擀面杖擀成蛋黄碎。

3 把咸蛋黄放入大碗中，加入70克玉米油。

4 再加入100克低筋粉、3克盐，抓匀盖好备用。

5 将1个鸡蛋打入盆中，加入30克玉米油、40克糖、40克水。

6 充分搅匀后加入200克中筋粉。

7 揉成面团后盖好静置30分钟。

8 案板上撒面粉，把面团放在案板上稍擀后，把咸蛋黄面团放在白面片中间。

9 用白面片包住咸蛋黄面团，捏紧收口。

10 把面团按扁后擀长。

11 三折，旋转90度后擀长，再三折，再旋转90度后擀长，第三次三折。

12 把面片旋转90度后再擀长。

13 擀成2毫米厚的薄片。

14 用齿形轮刀切成小的长方形面片（我切的大概是3厘米×8厘米）。

15 把小面片码放在不粘烤盘上，用叉子在每个面片上叉几个洞。

16 送入预热好的烤箱，中下层，上下火，170摄氏度、30分钟，上色及时加盖锡纸。

香蕉燕麦
能量棒

饿的时候，来一根能量棒吧！
没有加入一滴油，口感稍韧，饱腹感极强，是减肥时期的好伙伴呢！

原料

香蕉肉············· 270 克   蜂蜜················· 50 克   鸡蛋················· 1 个   即食燕麦片········· 260 克

做法

取 270 克香蕉肉放在盆中，加入 50 克蜂蜜。

用手把香蕉肉和蜂蜜全部抓碎。

加入一个鸡蛋搅匀。

加入 260 克即食燕麦片。

用刮刀拌至无干粉状态。

把面团倒在铺了油纸的烤盘上，整理成厚约 1 厘米的方片。

送入预热好的烤箱，中下层，上下火，180 摄氏度、80 分钟，上色及时加盖锡纸。

出炉后趁热切成长条，凉透后食用。

◆ 二狗妈妈碎碎念 ◆

1. 烘烤时间就是这么长，不要怀疑自己的眼睛，要把面团中的水分全部烤干才会好吃。

2. 如果您喜欢坚果，也可以取适量坚果切碎后放入面团中。

3. 出炉趁热切比较好切。

数量：24块左右

椰香黑米
饼干

谁说杂粮做的饼干不好吃？您试试这款吧！造型简单，但味道真的很好哟……

原料

低筋粉·············· 150 克   黑米粉·············· 30 克   糖·············· 30 克   椰子油·············· 80 克
鸡蛋·············· 1 个   椰蓉·············· 适量

做法

150 克低筋粉、30 克黑米粉、30 克糖放入盆中。

加入 80 克椰子油。

用手搓成颗粒状。

加入 1 个鸡蛋。

用手揉成面团。

把面团放入大保鲜袋，擀成约 2 毫米厚的薄片。

把保鲜袋从边上剪开，露出面片，在表面撒一层椰蓉，用擀面杖擀压一下。

用刀切成喜欢的大小，用叉子在每块生坯上都叉几个小孔。

把饼干生坯移放在不粘烤盘中。

送入预热好的烤箱，中层，上下火，170 摄氏度、18 分钟，上色及时加盖锡纸。

二狗妈妈碎碎念

1. 椰子油要用冰箱冷藏后凝固的，加入到粉类中，用手搓成颗粒状。

2. 如果没有椰子油，可以用等量无盐黄油替换。

3. 黑米粉可用等量杂粮粉替换，如果没有杂粮粉就用等量低筋粉吧。

4. 第 9 步骤，把饼干生坯移放至烤盘上时，可以用刮板辅助，比较好操作。

数量：20块左右

椰香双色
C 形饼干

我把这款饼干的效果图发给虎哥，虎哥说，这是啥玩意儿？西瓜皮吗？咦……你弄啥嘞……这么洋气的饼干让你说得一下子档次都拉下去咯……俺这是凹造型你知道不？（这一段请用河南话读。）

原料

椰子油…………… 100 克　　糖粉………………… 40 克　　鸡蛋……………… 1 个　　低筋粉…………… 200 克
抹茶粉…………… 3 克

做法

1 100 克椰子油放入盆中，加入 40 克糖粉。

2 用电动打蛋器把椰子油和糖粉打匀。

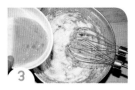

3 1 个鸡蛋打散后，分 4~5 次加入到盆中，每加入一次用电动打蛋器打匀后再加入下一次。

4 加完鸡蛋后的状态，筛入 200 克低筋粉。

5 用刮刀拌成絮状。

6 把面絮平均分成 2 份。

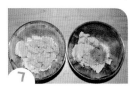

7 在其中一份面絮中加入 3 克抹茶粉。

8 分别揉成面团。

9 把两个面团分别装入保鲜袋，整理成两个一样大小的薄片。

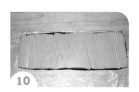

10 把保鲜袋撕开，把两个面片叠放在一起，再擀薄一些。

11 切成宽约 8 毫米的长条。

12 把切面朝上，弯成"C"形，码放在不粘烤盘中。

13 送入预热好的烤箱，中下层，上下火，160 摄氏度、30 分钟，上色及时加盖锡纸。

❖ 二狗妈妈碎碎念 ❖

1. 椰子油要用固态常温的，加入糖粉打匀时一开始有一点儿阻力，不用理会，继续打就可以了。

2. 如果没有椰子油，可以用等量无盐黄油替换。

3. 如果不喜欢抹茶粉，可以换成等量紫薯粉、红曲粉、可可粉等。

4. 如果不喜欢这个造型，那就不用摆成"C"形啦，切完直接切面朝上码放在烤盘上烤熟就行啦。

椰香紫色
风车酥

好美的一款小点心，看着它，
您是不是和我一样，在等风来……

原料

水油皮面团：

水·················· 75 克　　椰子油·············· 40 克　　糖·················· 30 克　　中筋粉·············· 147 克

紫薯粉··············· 3 克　　奶粉··············· 15 克

油酥面团：

低筋粉·············· 120 克　　椰子油·············· 55 克

表面装饰：

蛋黄液·············· 少许　　杏仁·············· 16 粒

做法

1 75 克水、40 克椰子油、30 克糖放入盆中。

2 充分搅匀后加入 147 克中筋粉、3 克紫薯粉、15 克奶粉。

3 揉成面团，盖好静置 30 分钟，这是水油皮面团。

4 另取一个大碗，120 克低筋粉放入碗中，加入 55 克椰子油。

5 用手抓匀，盖好备用，这是油酥面团。

6 把水油皮面团放在案板上折叠擀开，重复几次这样的动作后，面团就会变得非常光滑，然后把面团擀成长方形面片，把油酥面团擀开，铺在水油皮面片一半的位置。

7 把水油皮面片对折，捏紧边缘。

8 把面片旋转 90 度后擀长。

9 把两端面片往中间折，形成三折。

10 把面片旋转90度后擀长。

11 再次三折后，盖好静置20分钟。

12 把面团擀成厚约2毫米的正方形面片。

13 用刀修去不规则四边后，切成16个正方形小面片。

14 取一个小面片，用刀从4个角各斜切一刀后，提起相隔的4个角往中间位置对折，在中心压紧。

15 依次做好16个，码放在不粘烤盘上。

16 用毛笔蘸蛋黄刷在表面翻折过来的位置。

17 取16粒杏仁片放在中心位置，往下压紧。

18 送入预热好的烤箱，中下层，上下火，180摄氏度、30分钟，上色及时加盖锡纸。

二狗妈妈碎碎念

1. 紫薯粉您可以替换成您喜欢的果蔬粉，风车酥就是另外的颜色啦。

2. 这款点心用的是大包酥的手法，注意在擀的时候不要太用力压，如果觉得面团不容易推开，就盖好静置一会儿再擀。

3. 椰子油可以用您喜欢的植物油替换，我做的时候室温太热，椰子油都已经化成了液态，如果您家的椰子油是固态，那就在油酥面团中再多加5~8克。

4. 水油皮面团用手揉匀后，再怎么揉都不会很光滑，那就在静置后进行擀压，重复几次折叠擀压的程序后，面团就会变光滑啦。面团光滑再进行下一步哟，当然您也可以用面包机揉面20分钟，就会得到一块光滑的水油皮面团啦。

5. 第12步骤，擀开时会有起皮现象，没关系，继续进行下一步，不会影响整体口感。

数量：20块左右

玉米面海苔肉松
饼干

吃饼干吗？有粗粮的那种！
吃饼干吗？有肉松的那种！

原料

鸡蛋……………… 1 个	玉米油…………… 60 克	糖………………… 30 克	低筋粉…………… 130 克
细玉米面………… 50 克	无铝泡打粉……… 2 克	海苔肉松………… 30 克	

做法

1 将1个鸡蛋打入盆中，加入60克玉米油、30克糖。

2 充分搅匀。

3 加入130克低筋粉、50克细玉米面、2克无铝泡打粉。

4 再加入30克海苔肉松。

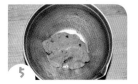
5 充分揉匀。

6 把面团放案板上擀开，厚度大约2毫米。

7 修去不规则的边角后，切成自己喜欢的大小。

8 码放在不粘烤盘上。

9 用叉子在每块饼干上都叉几下。

10 送入预热好的烤箱，中下层，上下火，170摄氏度、25分钟，上色及时加盖锡纸。

◆ 二狗妈妈碎碎念 ◆

1. 玉米油可以用您喜欢的油替换。
2. 海苔肉松网上有卖，也可以用自己喜欢的肉松替换。
3. 细玉米面可以用其他杂粮粉替换。

枣泥莲蓉
酥饼
———

枣泥和莲蓉碰撞，
可以迸发出什么样的火花呢?

◆ **二狗妈妈碎碎念** ◆

　　1.保鲜袋的宽度最好和烤盘的宽度一样，这样把面片往烤盘中放的时候更好操作。

　　2.莲蓉馅可以换成您喜欢的任何馅料，可以减少用量，擀得更薄一些也可以。

　　3.表面用叉子划出花纹，您也可以划出波浪形。

　　4.出炉温热时切不易碎。

　　5.因为枣泥、莲蓉都比较甜，所以面团中我就没有放很多的糖，您也可以在面团中不放糖。

原料

无盐黄油·············· 250 克	糖粉·················· 15 克	鸡蛋·················· 2 个	枣泥·················· 100 克
低筋粉·············· 500 克	奶粉·················· 50 克	低糖莲蓉馅········ 700 克	

表面装饰：

蛋黄液················ 适量

做法

1 250 克无盐黄油室温软化，加入 15 克糖粉。

2 用电动打蛋器搅打均匀。

3 2 个鸡蛋打散后，分 4~5 次加入到黄油盆中，每加入一次用电动打蛋器打匀后再加入下一次。

4 加入 100 克枣泥。

5 用电动打蛋器搅打均匀。

6 筛入 500 克低筋粉、50 克奶粉。

7 用手揉成面团。

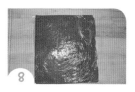

8 取一半面团放在大保鲜袋中，擀成边长为 28 厘米的正方形面片。

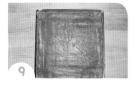

9 将保鲜袋沿边剪开，把面片扣在铺了油纸的 28 厘米的烤盘中，用擀面杖擀压平整后再撤掉保鲜袋。

10 700 克低糖莲蓉馅放在大保鲜袋中，擀成边长为 28 厘米的正方形面片。

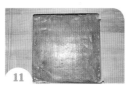

11 将保鲜袋沿边剪开，把馅料扣在烤盘中，用擀面杖擀压平整后再撤掉保鲜袋。

12 取另一半面团放在大保鲜袋中，擀成边长为 28 厘米的正方形面片。

13 将保鲜袋沿边剪开，把面片扣在烤盘中，用擀面杖擀压平整后再撤掉保鲜袋。

14 在表面刷蛋黄液后，用叉子划出花纹。

15 送入预热好的烤箱，中下层，上下火，180 摄氏度、40 分钟，上色及时加盖锡纸，出炉后从烤盘中取出，温热时切块，凉透食用。

双色
磨牙棒

宝宝的磨牙棒咱自己做吧，
低糖少油口感不错哟……

原料

火龙果面团：

火龙果泥⋯⋯⋯⋯ 60 克	玉米油⋯⋯⋯⋯⋯ 10 克	糖⋯⋯⋯⋯⋯⋯⋯ 10 克	低筋粉⋯⋯⋯⋯ 100 克

牛奶面团：

牛奶⋯⋯⋯⋯⋯⋯ 55 克	玉米油⋯⋯⋯⋯⋯ 10 克	糖⋯⋯⋯⋯⋯⋯⋯ 10 克	低筋粉⋯⋯⋯⋯ 100 克

做法

1 取 60 克火龙果泥放入盆中，再取 55 克牛奶放入另一个盆中。

2 在每个盆中都加入 10 克玉米油、10 克糖，分别搅匀。

3 在每个盆中都筛入 100 克低筋粉。

4 分别揉成面团，盖好静置 20 分钟。

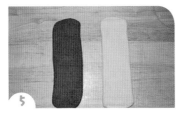

5 把两个面团都擀成大小一致的长方形面片。

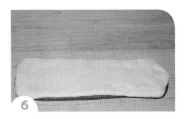

6 刷水后把两个面片叠放在一起。

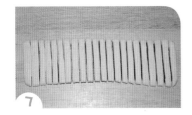

7 稍擀薄后，切成宽约 1 厘米的长条。

8 拧几下后码放在不粘烤盘上。

9 送入预热好的烤箱，中下层，上下火，180 摄氏度、40 分钟，上色及时加盖锡纸。

◆ 二狗妈妈碎碎念 ◆

1. 火龙果泥可以用您喜欢的蔬果泥替换。

2. 如果家中宝宝太小，那就果断把玉米油和糖都省略吧。

3. 如果想要宝宝磨牙更久一些，那就把低筋粉换成中筋粉，因为面粉的吸水性不同，所以要适当调整面粉的用量或者是液体的用量。

4. 拧好的饼干坯放在烤盘上时，可在两端抹一点儿水以便固定，这样饼干棒不容易松开。

Part 4
手工塑形饼干

手工塑形？我不会呀！那么揉圆按扁您会吗？要不要试试看！

如果说前一章节的擀和切您都不愿意做的话，那么用双手捏按一下就可以进炉烘烤的饼干，您愿意做吗？

本章节共收录了 25 款纯手工整形的饼干，用到的整形手法几乎都是揉圆、按扁，只有芝麻饼干用到了非常常见的 50 克月饼模具，其他饼干无须任何模具，全都简单易上手。本章节出现了用猪油做的中式的桃酥、杏仁酥，如果有回民朋友，可以换成等量黄油。本章节也大量使用了像燕麦、黑米、玉米面这样的粗粮，为的是让我们所爱的人在吃饼干时可以再多一些营养，也给他们带来不一样的口感……

冰激凌
曲奇

这明明就是冰激凌！明明就是！

哈哈，您仔细看看，这是什么？是曲奇啦！长得像冰激凌的曲奇……

原料

无盐黄油············ 110 克	糖粉················· 40 克	鸡蛋················· 1 个	低筋粉············· 200 克
奶粉················· 40 克	抹茶粉··············· 2 克	紫薯粉··············· 2 克	

做法

1 110 克无盐黄油室温软化。

2 加入 40 克糖粉。

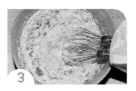

3 用电动打蛋器把黄油和糖粉打匀。

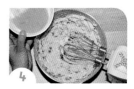

4 1 个鸡蛋打散后，分 4~5 次加入到黄油盆中，每加入一次用电动打蛋器打匀后再加入下一次。

5 筛入 200 克低筋粉、40 克奶粉。

6 用刮刀拌成絮状。

7 另取两个碗，各取出 100 克面絮，在其中一个碗中加入 2 克抹茶粉，在另一个碗中加入 2 克紫薯粉。

8 分别揉成面团。

9 取一个盘子或碗，把 3 种颜色的面团分开若干块，错开颜色码放在盘中。

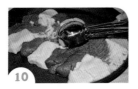

10 用冰激凌勺自上而下挖出一勺面团。

11 把挖好的小球放在不粘烤盘上。

12 送入预热好的烤箱，中下层，上下火，180 摄氏度、10 分钟后加盖锡纸，再转 140 摄氏度、35 分钟。

◆ 二狗妈妈碎碎念 ◆

1. 我喜欢绿色和紫色，所以用了抹茶粉和紫薯粉，如果您不喜欢这两种颜色，可以做原味的，也可以换其他果蔬粉。

2. 冰激凌勺子我用的是直径 4 厘米的，如果想要好看，还是要用冰激凌勺，如果不讲究，那就用普通勺子挖也可以。

3. 因为整个曲奇的个头大又比较厚，所以我先用 180 摄氏度高温定型，接着用 140 摄氏度低温长时间烘烤至完全成熟。

数量：21块

红糖
核桃酥

红糖的加入，
让这款饼干更凸显咱们纯朴的气质……

原料

鸡蛋……………	1个	玉米油…………	100克	红糖…………	60克	中筋粉…………	200克
无铝泡打粉………	3克	小苏打…………	1克	熟核桃仁………	100克	表面装饰：全蛋液适量	

做法

1 100克熟核桃仁放在保鲜袋里擀碎备用。

2 将1个鸡蛋打入盆中。

3 加入100克玉米油、60克红糖。

4 加入200克中筋粉、3克无铝泡打粉、1克小苏打。

5 把第1步里面的核桃碎放入盆中。

6 用手混合均匀。

7 揪一块面团，约20克，揉圆按扁。

8 依次做好所有核桃酥码放在不粘烤盘上，表面刷全蛋液。

9 送入预热好的烤箱，中下层，上下火，180摄氏度、30分钟，上色及时加盖锡纸。

◆· 二狗妈妈碎碎念 ·◆

1. 核桃仁烤熟以后再用会更香，我用130度烘烤20分钟。
2. 红糖可以用白糖替换，但用量必须减少一些，因为白糖的甜度比红糖的高很多。
3. 红糖如果有结块，要用料理机打碎后使用。

红糖黑米葡萄干
饼干

这可能是整本书中最丑的一款饼干了，烤好后，我很有情绪地看着它们……怎么能这么丑？这么丑怎么会受欢迎？凉透后，我尝了一个，天哪，太好吃了，入口是粗粮粉的那种特有香气，加上葡萄干的甜……真的是人不可貌相，饼干不可只看外观呀……

原料

无盐黄油············ 100 克   红糖·············· 30 克   鸡蛋·············· 1 个   中筋粉············ 120 克

黑米粉············ 50 克   无铝泡打粉·········· 3 克   葡萄干·········· 60 克

做法

1 60 克葡萄干温水泡 5 分钟后用厨房纸巾吸干水分备用。

2 100 克无盐黄油室温软化后，加入 30 克红糖。

3 用电动打蛋器搅打均匀。

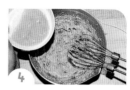

4 1 个鸡蛋打散后，分 4~5 次加入到黄油盆中，每加入一次用电动打蛋器打匀后再加入下一次。

5 筛入 120 克中筋粉、50 克黑米粉、3 克无铝泡打粉。

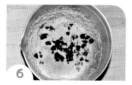

6 再把准备好的葡萄干 60 克放入盆中。

7 用刮刀拌至无干粉状态。

8 手沾水后，揪一块面团（约 20 克）揉圆。

9 码放在不粘烤盘上。

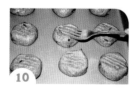

10 用叉子蘸水后把饼干压扁。

11 送入预热好的烤箱，中下层，上下火，180 摄氏度、30 分钟，上色及时加盖锡纸。

◆••••••• **二狗妈妈碎碎念** •••••••◆

1. 如果您家的葡萄干个头比较大，那就剪成小块后再使用。

2. 如果您家红糖有结块，那就擀碎之后再使用。

3. 中筋粉可以用高筋、低筋粉替换，高筋粉的口感会更脆硬一些，低筋粉的口感会更酥一些。

4. 黑米粉可以用您喜欢的杂粮粉替换。

红糖葡萄干燕麦
饼干

入口微甜，有一丝丝咸味，伴有淡淡的朗姆酒香和葡萄干的香甜，
再加上燕麦片的粗糙口感，很丰富哟……

原料

无盐黄油·········· 100 克	红糖·············· 40 克	盐·············· 1 克	鸡蛋·············· 1 个
牛奶·············· 20 克	低筋粉·············· 130 克	无铝泡打粉·········· 3 克	即食燕麦片·········· 50 克
葡萄干·············· 80 克	朗姆酒·············· 30 克		

做法

1 80 克葡萄干切小块后放碗中，加入 30 克朗姆酒拌匀，浸泡 30 分钟备用。

2 100 克无盐黄油室温软化后加入 40 克红糖、1 克盐。

3 用电动打蛋器搅打均匀。

4 1 个鸡蛋打散后，分 4~5 次加入到黄油盆中，每加入一次用电动打蛋器打匀后再加入下一次。

5 20 克牛奶分 3 次加入到盆中，每加入一次都要打匀后再加入下一次。

6 筛入 130 克低筋粉、3 克无铝泡打粉。

7 再加入 50 克即食燕麦片。

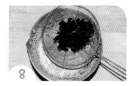

8 把沥干的葡萄干和朗姆酒加入到盆中。

9 用刮刀拌至无干粉状态。

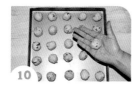

10 双手沾水后，把面团分成小球放在不粘烤盘上。

11 叉子蘸水后把每个小球都压扁。

12 送入预热好的烤箱，中下层，上下火，180 摄氏度、30 分钟，上色及时加盖锡纸。

◆ 二狗妈妈碎碎念 ◆

1. 如果不喜欢朗姆酒，可以用水替换。

2. 如果您家红糖有结块，那就擀碎之后再使用。

3. 如果想要酥一些，可以关火后在烤箱闷 10 分钟后再出炉。

花生酱
小饼

浓浓的花生香气在口中蔓延，好香啊……

原料 |

无盐黄油············· 80 克   糖粉················· 30 克   牛奶················· 25 克   颗粒花生酱········· 80 克
低筋粉············· 160 克

做法 |

1. 80 克无盐黄油室温软化。

2. 加入 30 克糖粉。

3. 用电动打蛋器搅打均匀。

4. 25 克牛奶分两次加入到黄油盆中，每加入一次都要充分打匀再加入下一次。

5. 加入 80 克颗粒花生酱。

6. 用电动打蛋器打匀。

7. 筛入 160 克低筋粉。

8. 用刮刀拌至无干粉状态。

9. 分成 10 克一个的小球，码放在不粘烤盘上。

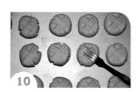

10. 用叉子压扁。

11. 送入预热好的烤箱，中下层，上下火，170 摄氏度、30 分钟，上色及时加盖锡纸。

◆ 二狗妈妈碎碎念 ◆

1. 花生酱我用的是颗粒型的，您也可以用细滑型，个人认为颗粒型的口感更好。

2. 用叉子把饼干生坯压扁的时候，我用小叉子左右呈 90 度各压一次，在中间形成了个网格印，您也可以只压一次。

蓝莓
小酥饼

酸酸甜甜的，像极了爱情……

原料

无盐黄油·············· 70 克　　糖粉················· 20 克　　蓝莓果酱············· 60 克　　低筋粉············· 160 克
蓝莓果干·············· 适量

做法

1 70 克无盐黄油室温软化。

2 加入 20 克糖粉。

3 用电动打蛋器搅打均匀。

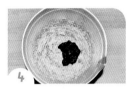

4 加入 60 克蓝莓果酱。

5 用电动打蛋器打匀。

6 筛入 160 克低筋粉。

7 用刮刀拌匀后，再用手揉成面团。

8 取一小块面团，约 15 克，搓成球后，在球中间按压出一个小坑，放 10 粒左右的蓝莓果干。

9 用面团把蓝莓果干包起来，搓圆。

10 码放在不粘烤盘上。

11 用叉子按压出一个印儿来。

12 放入预热好的烤箱，中下层，上下火，170 摄氏度、25 分钟，上色及时加盖锡纸。

二狗妈妈碎碎念

1. 蓝莓果干包进去多少要根据自己的喜好哟，每个面团我大概包进了 10 粒。

2. 每个小面团我分的大概是 15 克，如果喜欢大一些的，适量延长烘烤时间。

3. 烘烤 10 分钟就加盖锡纸，以免表面上色就不好看了！

玛格丽特
饼干

听说这款饼干全称是"住在意大利史特蕾莎的玛格丽特小姐"，是说很久以前一位糕点师做饼干时，心中默念自己心爱的姑娘的名字，并将自己的手印按在了饼干上……好美的传说呀……

原料

无盐黄油⋯⋯⋯⋯ 110 克　糖粉⋯⋯⋯⋯⋯⋯ 40 克　熟蛋黄⋯⋯⋯⋯⋯⋯ 3 个　低筋粉⋯⋯⋯⋯⋯ 110 克
玉米淀粉⋯⋯⋯⋯ 110 克

做法

准备好 3 个熟蛋黄。

把蛋黄全部过筛备用。

110 克无盐黄油室温软化。

加入 40 克糖粉。

用电动打蛋器把黄油和糖粉打匀。

把蛋黄末倒入盆中，用电动打蛋器打匀。

筛入 110 克低筋粉、110 克玉米淀粉。

揉成面团。

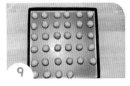

把面团分成 15 克左右的小球，码放在不粘烤盘上。

用大拇指竖直从中间按压下去，使面团边缘呈现自然的裂纹。

送入预热好的烤箱，中下层，上下火，170 摄氏度、20 分钟。

◆·· 二狗妈妈碎碎念 ··◆

1. 鸡蛋一定要提前煮全熟，凉透后取蛋黄备用。

2. 蛋黄一定要过筛，这样口感才更细腻。

3. 烘烤时一定要注意饼干的上色情况，只要边缘稍变黄就可以，如果您的烤箱火力较猛，请及时加盖锡纸。

抹茶杏仁巧克力
饼干

如果您等饼干凉透，但巧克力还没有凝固时食用，哎呀呀，
酥香的饼干搭着看似成型实则软化的巧克力，太美味了……

原料

无盐黄油·········· 80 克	糖粉·········· 30 克	盐·········· 1 克	牛奶·········· 35 克
低筋粉·········· 115 克	抹茶粉·········· 5 克	杏仁片·········· 适量	KISSES 巧克力····· 适量

做法

1. 80 克无盐黄油室温软化。

2. 加入 30 克糖粉、1 克盐。

3. 用电动打蛋器搅打均匀。

4. 将 35 克牛奶分 3~4 次加入到黄油盆中，每加入一次都要充分打匀再加入下一次。

5. 筛入 115 克低筋粉、5 克抹茶粉。

6. 用刮刀拌至无干粉状态。

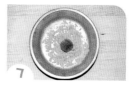

7. 取一小块面团（约 15 克）揉圆，放在杏仁片中翻滚一圈。

8. 抹茶面团粘满杏仁片后，稍按扁。

9. 码放在不粘烤盘上，依次做完所有面团。

10. 用手指在小饼中间按一个小坑。

11. 送入预热好的烤箱，中下层，上下火，160 摄氏度、25 分钟，杏仁片微黄就加盖锡纸。

12. 出炉后趁热把 KISSES 巧克力码放在小饼干中间，稍用力压紧，待饼干凉透后食用。

❖ 二狗妈妈碎碎念 ❖

1. 牛奶可以用 40 克淡奶油替换。

2. 如果不喜欢抹茶口味，可以把 5 克抹茶粉换成 5 克可可粉或 5 克低筋粉。

3. 如果不喜欢 KISSES 巧克力，可以在饼干凉透后，把黑巧克力熔化后装入裱花袋，挤在饼干中间。当然你如果不喜欢巧克力，也可以不放巧克力，饼干出炉凉透后直接食用即可。

趣多多
饼干

——

谁说趣多多饼干只能买着吃?
我们自己就可以做出来呀……味道一点儿不输给外面卖的呢!

144

原料

无盐黄油⋯⋯⋯⋯ 130 克	糖粉⋯⋯⋯⋯⋯⋯ 50 克	鸡蛋⋯⋯⋯⋯⋯⋯ 1 个	低筋粉⋯⋯⋯⋯⋯⋯ 180 克
可可粉⋯⋯⋯⋯⋯ 20 克	无铝泡打粉⋯⋯⋯⋯ 3 克	耐高温巧克力豆⋯⋯ 40 克	表面装饰：耐高温巧克力豆适量

做法

1 130 克无盐黄油室温软化。

2 加入 50 克糖粉。

3 用电动打蛋器把黄油和糖粉打匀。

4 1 个鸡蛋打散后，分 4~5 次加入到黄油盆中，每加入一次用电动打蛋器打匀后再加入下一次。

5 筛入 180 克低筋粉、20 克可可粉、3 克无铝泡打粉。

6 用刮刀拌至无干粉状态。

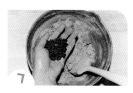

7 再加入 40 克耐高温巧克力豆。

8 拌至无干粉状态。

9 双手沾水，揪一块面团揉圆按扁。

10 依次码放在不粘烤盘上。

11 在每一个饼干生坯上面再放几颗耐高温巧克力豆。

12 送入预热好的烤箱，中下层，上下火，170 摄氏度、30 分钟，上色及时加盖锡纸。

二狗妈妈碎碎念

1. 双手沾水后再去揪面团，不然面团非常粘手不好操作。

2. 每块面团 20~25 克，因饼干生坯大小不一，烘烤时间也会略有调整。

3. 表面装饰的巧克力豆，可多可少，这个随您喜欢。

希腊
可球

酥酥的一款小饼干，
搭着一点儿果酱甜，很好吃哟……

原料

| 无盐黄油……70克 | 糖粉……20克 | 盐……1克 | 蛋黄……1个 |
| 低筋粉……100克 | 草莓酱……少许 | | |

做法

1 70克无盐黄油室温软化。

2 加入20克糖粉、1克盐。

3 用电动打蛋器搅打均匀。

4 加入1个蛋黄，用电动打蛋器搅打均匀。

5 筛入100克低筋粉。

6 用刮刀拌至无干粉状态。

7 取一小块面团（约15克），揉成圆球。

8 码放在不粘烤盘上。

9 筷子蘸水后插入小球一半的位置取出。

10 在每个小球中心的小坑中挤入草莓酱。

11 送入预热好的烤箱，中下层，上下火，170摄氏度、20分钟。

二狗妈妈碎碎念

1. 用筷子戳小坑时最好用粗头那端，每戳一下都要蘸一下水。
2. 把草莓酱装进裱花袋后剪小口，再往小坑里挤，这样比较好操作。
3. 草莓酱可以用其他果酱替换，不可挤太满哟。

杏仁
瓦片

———

太好吃了！这个饼干太好吃了！
关键是做法还超级简单……

148

原料 |

无盐黄油…………… 20 克　　蛋白………………… 1 个　　糖粉………………… 30 克　　低筋粉………………… 15 克
杏仁片…………… 120 克

做法 |

1 20 克无盐黄油熔化备用。

2 将 1 个蛋白（38~40 克）放在盆中，加入 30 克糖粉、15 克低筋粉。

3 搅匀。

4 加入熔化的黄油搅匀。

5 加入 120 克杏仁片。

6 翻拌均匀。

7 用勺子取少许杏仁面糊放在不粘烤盘上，间距要大一些。

8 用叉子蘸水后把杏仁片拨开，整理出每块饼干的形状。

9 送入预热好的烤箱，中下层，上下火，170 摄氏度、13 分钟。

◆ 二狗妈妈碎碎念 ◆

1. 杏仁片一定要用薄的那种，也叫扁桃仁片、巴旦木片。

2. 在第 3 步搅匀时不要用力过度，轻轻搅匀即可。

3. 每块饼干的大小随您喜欢，一定要用叉子蘸水后整理成薄片，最好杏仁无过度叠压的情况。

4. 烘烤时间仅作参考，在烘烤八九分钟时就要全程看着烤箱，杏仁变黄立即取出，凉透食用。

燕麦薄片
饼干

这款饼干在微博中有很多亲亲都喜欢，大家都说，
不甜，有嚼劲，吃起来很香很有回味呢……您要不要试一试呢？

原料

鸡蛋·····················　1 个　　　玉米油·················　30 克　　　糖·······················　30 克　　　牛奶·················　50 克

即食燕麦片·······　100 克　　　低筋粉·················　80 克　　　无铝泡打粉·········　2 克　　　熟黑芝麻·········　20 克

蔓越莓干·············　50 克

做法

将 1 个鸡蛋打入盆中。

加入 30 克玉米油、30 克糖。

充分搅匀。

再加入 50 克牛奶搅匀。

加入 100 克即食燕麦片、80 克低筋粉、2 克无铝泡打粉。

加入 20 克熟黑芝麻、50 克切碎的蔓越莓干。

拌至无干粉状态。

双手沾水后，揪一块面团搓圆。

把小面团放在不粘烤盘上，用手按扁，越薄越好。

依次做好所有面团。

送入预热好的烤箱，中下层，上下火，160 摄氏度、25 分钟，上色及时加盖锡纸。

◆· 二狗妈妈碎碎念 ·◆

1. 双手沾水后再去揪面团，不然面团非常粘手不好操作。

2. 每块面团 20~25 克，尽可能地把生坯在烤盘上按薄一些。

3. 蔓越莓干切得碎一些，也可以换成您喜欢的其他果干。

腰果
月牙酥

好喜欢这一群小月牙，换个角度看，
像不像自己每天微笑的嘴角？

原料

无盐黄油·········· 100 克	糖粉················· 30 克	鸡蛋··············· 1 个	低筋粉············· 140 克
腰果················ 60 克	糖粉················· 适量		

做法

1 60 克腰果放入研磨杯。

2 磨成腰果粉备用。

3 100 克无盐黄油室温软化。

4 加入 30 克糖粉。

5 用电动打蛋器把黄油和糖粉打匀。

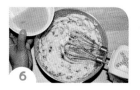
6 1 个鸡蛋打散后，分 4~5 次加入到黄油盆中，每加入一次用电动打蛋器打匀后再加入下一次。

7 筛入 140 克低筋粉。

8 再加入 60 克腰果粉。

9 用刮刀拌至无干粉状态。

10 揪 10 克一个的面团，搓成枣核形后，再弯成月牙形，码放在不粘烤盘上。

11 送入预热好的烤箱，中下层，上下火，170 摄氏度、30 分钟，上色及时加盖锡纸。

12 出炉后等腰果酥不烫手时再把饼干正面朝下粘上糖粉。

●·· 二狗妈妈碎碎念 ··●

1. 腰果我用的是带皮腰果，您可以用不带皮的腰果或喜欢的干果替换。
2. 如果喜欢更小巧一些的月牙，那就把面团分得再小一些，烘烤时间要相应减少一些。
3. 出炉后粘糖粉这一步是为了使月牙更好看，也可以省略此步骤。

数量：22块左右

椰蓉蛋白
脆饼

大量椰蓉的加入，使这款饼干变得好香好香，
带给同事，他们都说，好香好好吃哟……

154

原料

无盐黄油⋯⋯⋯⋯ 50 克　　蛋白⋯⋯⋯⋯⋯⋯ 3 个　　糖粉⋯⋯⋯⋯⋯⋯ 30 克　　椰蓉⋯⋯⋯⋯⋯⋯ 120 克
低筋粉⋯⋯⋯⋯⋯ 30 克

做法

1 50 克无盐黄油熔化备用。

2 将 3 个蛋白（约 120 克）放入盆中，加入 30 克糖粉。

3 充分搅匀后加入熔化的黄油。

4 充分搅匀。

5 加入 120 克椰蓉、筛入 30 克低筋粉。

6 用刮刀拌匀。

7 取 20 克一个的面团攥成小球，放在不粘烤盘上。

8 表面盖一张保鲜袋，用杯子底部压平，越薄越好。

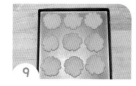

9 取掉保鲜袋。

10 送入预热好的烤箱，中下层，上下火，160 摄氏度、30 分钟，烤至全部发黄即可。

二狗妈妈碎碎念

1.无盐黄油可以用椰子油、玉米油替换，但不建议用味道比较重的橄榄油或花生油替换，会抢了椰蓉的香味。

2.用保鲜袋盖在椰蓉面团上，再用杯子底部压，会比手按得更均匀，薄厚一致。

3.烘烤时间只是作个参考，一定要把每片脆饼都烤至全部变黄才可以出炉哟⋯⋯

椰蓉球

烤这款饼干时，我家满屋子都是椰子的香气，
连二妞也不停地跑到厨房门口张望……

原料

椰子油⋯⋯⋯⋯⋯ 100 克　　糖粉⋯⋯⋯⋯⋯⋯⋯ 30 克　　鸡蛋⋯⋯⋯⋯⋯⋯⋯ 1 个　　低筋粉⋯⋯⋯⋯⋯ 170 克
椰蓉⋯⋯⋯⋯⋯⋯ 适量

做法

100 克椰子油放入盆中。

加入 30 克糖粉。

用电动打蛋器把椰子油和糖粉打匀。

1 个鸡蛋打散后，分 4~5 次加入到盆中，每加入一次用电动打蛋器打匀后再加入下一次。

加完鸡蛋后的状态。

筛入 170 克低筋粉。

用刮刀拌至无干粉状态。

取一小块面团（约 7 克），搓成小球，放在椰蓉里滚几圈，让小球粘满椰蓉。

依次做完所有面团，把椰蓉球码放在不粘烤盘中。

送入预热好的烤箱，中下层，上下火，170 摄氏度、25 分钟，上色及时加盖锡纸。

◆ 二狗妈妈碎碎念 ◆

1. 椰子油要用固态常温的，加入糖粉打匀时一开始有一点儿阻力，不用理会，继续打就可以了。

2. 这款小饼干用椰子油会使香气更加浓郁，如果没有椰子油，可以用等量无盐黄油替换。

3. 每个面团尽量都保持一样大小，如果喜欢更大一些的，那就要增加烘烤时间。

数量：30块左右

椰香二黑玉米脆片
饼干

好想叫这款饼干：小二黑！多么接地气又富有独特气质的名字！
黑芝麻酱和黑米粉的组合，加上玉米脆片的独特口感，太好吃啦！

原料

椰子油⋯⋯⋯⋯⋯ 130 克　　糖粉⋯⋯⋯⋯⋯⋯ 40 克　　黑芝麻酱⋯⋯⋯⋯ 50 克　　低筋粉⋯⋯⋯⋯ 220 克

黑米粉⋯⋯⋯⋯⋯ 30 克　　玉米脆片⋯⋯⋯⋯ 适量

做法

1. 130 克椰子油放入盆中。

2. 加入 40 克糖粉。

3. 用电动打蛋器把椰子油和糖粉打匀。

4. 加入 50 克黑芝麻酱。

5. 用电动打蛋器打匀。

6. 筛入 220 克低筋粉、30 克黑米粉。

7. 用刮刀拌至无干粉状态。

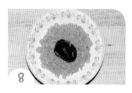

8. 把玉米脆片用手攥碎后放入盘中，用小勺舀一勺面糊，放到玉米碎脆片上。

9. 用玉米碎脆片包裹住整个面糊后，按扁。

10. 码放在不粘烤盘上。

11. 送入预热好的烤箱，中下层，上下火，170 摄氏度、20 分钟。

◆ 二狗妈妈碎碎念 ◆

1. 椰子油可以用等量无盐黄油替换。

2. 黑米粉可以用等量杂粮粉或低筋粉替换。

3. 面糊非常稀软，在包裹玉米脆片之前不要用手接触。

4. 把饼干生坯放在烤盘上，尽量按扁一些。

数量：23~25个

椰香口蘑
饼干

——

嗯？口蘑饼干里面有口蘑吗？没有啊！
那为啥要叫"口蘑饼干"呢？因为外形像啊！

原料

椰子油…………… 100 克　　糖粉………………… 35 克　　鸡蛋……………… 1 个　　低筋粉…………… 200 克
奶粉……………… 20 克　　可可粉…………… 适量

做法

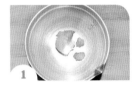

1 100 克椰子油放入盆中。

2 加入 35 克糖粉。

3 用电动打蛋器把椰子油和糖粉打匀。

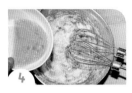

4 1 个鸡蛋打散后，分 4~5 次加入到盆中，每加入一次用电动打蛋器打匀后再加入下一次。

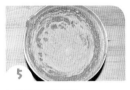

5 加完鸡蛋后的状态。

6 筛入 200 克低筋粉、20 克奶粉。

7 用刮刀拌匀后揉成面团。

8 把面团分成每个约 15 克的小球，码放在不粘烤盘上。

9 取一个小瓶，瓶口蘸可可粉。

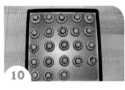

10 用蘸满可可粉的瓶口从小面团中间压下去，每压一个，都要用瓶口再蘸一下可可粉。

11 送入预热好的烤箱，中下层，上下火，170 摄氏度、25 分钟，烘烤 10 分钟就加盖锡纸。

◆ 二狗妈妈碎碎念 ◆

1. 椰子油可以用等量无盐黄油替换。

2. 瓶口一定要小于小面团，蘸满可可粉后垂直从小面团中间压下去，不要压到底。

3. 烘烤 10 分钟就加盖锡纸，是因为不想让饼干上色，不然"口蘑"就不白喽……

数量：35块

椰香燕麦
能量球

饿的时候来两粒能量球吧！
很饱腹哟……

原料 |

蔓越莓干·············· 30 克   即食麦片·············· 100 克   低筋粉·············· 100 克   糖·················· 25 克
无铝泡打粉·········· 2 克   椰子油·············· 30 克   牛奶·············· 30 克   鸡蛋·············· 1 个

做法 |

1 30 克蔓越莓干切碎备用。

2 100 克即食燕麦、100 克低筋粉放入盆中，加入 25 克糖、2 克无铝泡打粉。

3 混合均匀后加入 30 克椰子油。

4 用手搓匀。

5 加入 30 克牛奶、1 个鸡蛋。

6 抓匀后加入 30 克蔓越莓干碎。

7 再次抓匀。

8 双手沾水后，揪面团搓成 10 克一个的小球，码放在不粘烤盘上。

9 送入预热好的烤箱，中下层，上下火，170 摄氏度、45 分钟，上色及时加盖锡纸。

◆ 二狗妈妈碎碎念 ◆

1. 蔓越莓干可以用您喜欢的果干替换，一定都要切碎后再使用。

2. 无铝泡打粉可以不加，这样烤出来的能量球更硬一些，嚼起来更有扎实感，更饱腹。

3. 双手沾水后再去揪面团，不然非常粘手。

4. 小球不要搓太大，搓得越大，烘烤时间就越长，一定要烤透，凉透才好吃；当然您也可以把小球按扁烘烤，烘烤时间约 30 分钟。

数量：20块

椰香玉米脆片
饼干

咬起来咔嚓咔嚓的，可好吃了！
宁宁说，她觉得这是这本书里最好吃的饼干……

原料

椰子油············· 100 克   糖粉··············· 35 克   淡奶油··············· 50 克   低筋粉············· 140 克
细玉米面··········· 20 克   玉米脆片··········· 30 克   表面装饰：玉米脆片适量

做法

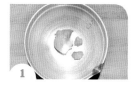
1. 100 克椰子油放入盆中。

2. 加入 35 克糖粉。

3. 用电动打蛋器把椰子油和糖粉打匀。

4. 将 50 克淡奶油分 3 次加入盆中，每加入一次都要用电动打蛋器打匀再加入下一次。

5. 筛入 140 克低筋粉、20 克细玉米面。

6. 再把 30 克玉米脆片捏碎放入盆中。

7. 用刮刀拌至无干粉状态。

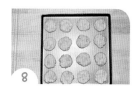
8. 双手沾水后，把面团分成 30 克左右一个的小球，放在不粘烤盘上按扁。

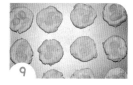
9. 在表面放几片玉米脆片作装饰，要把玉米脆片压在生坯上。

10. 送入预热好的烤箱，中下层，上下火，170 摄氏度、25 分钟，上色及时加盖锡纸。

二狗妈妈碎碎念

1. 椰子油可以用等量无盐黄油替换。
2. 细玉米面可以用等量杂粮粉或低筋粉替换。
3. 加入面团中的玉米脆片要捏碎，不然面团不易成型。
4. 表面装饰的玉米脆片要按压在生坯上，不然会脱落。

玉米面
芝麻酥

又酥又香的一款小饼干，玉米面的加入，吃起来有一种特殊的香气……这款饼干在直播中给大家展示过，我的微信群里掀起了一阵风潮，大家都说又健康又好吃哟……

原料

鸡蛋·············· 1 个	玉米油············ 70 克	糖·············· 40 克	中筋粉············ 100 克
细玉米面········· 100 克	无铝泡打粉········ 3 克	小苏打·········· 1 克	熟黑芝麻·········· 20 克
表面装饰：蛋黄液适量			

做法

将 1 个鸡蛋打入盆中。

加入 70 克玉米油、40 克糖。

充分搅匀。

加入 100 克中筋粉、100 克细玉米面、3 克无铝泡打粉、1 克小苏打。

再加入 20 克熟黑芝麻。

揉成面团。

把面团分成每个约 12 克的小球，码放在不粘烤盘上。

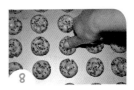
用大拇指从中间往下按扁。

在每块饼干生坯表面都刷上蛋黄液。

送入预热好的烤箱，中下层，上下火，170 摄氏度、30 分钟，上色及时加盖锡纸。

◆ 二狗妈妈碎碎念 ◆

1. 玉米面一定要用细玉米面，如果没有，可以用等量低筋粉替换。

2. 黑芝麻可以用您喜欢的坚果碎替换。

3. 表面也可刷全蛋液，只不过颜色没有只刷蛋黄液那么漂亮。

枣泥
两口酥

嗯？人家做的都是"一口酥"，怎么到二狗妈妈这里就是"两口酥"啦？

哈哈，因为二狗妈妈做的不小巧，一口吃不下呢！

原料 |

无盐黄油…………… 80 克　　糖粉………………… 30 克　　鸡蛋………………… 1 个　　低筋粉………… 200 克
枣泥馅…………… 200 克　　表面装饰：蛋黄液适量、熟黑芝麻适量

做法 |

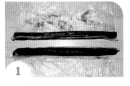

1 200 克枣泥分别装入保鲜袋，整理成两个直径约 1 厘米的长条，入冰箱冷冻 1 小时。

2 80 克无盐黄油室温软化，加入 30 克糖粉。

3 用电动打蛋器搅打均匀。

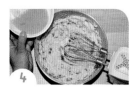

4 1 个鸡蛋打散后，分 4~5 次加入到黄油盆中，每加入一次用电动打蛋器打匀后再加入下一次。

5 筛入 200 克低筋粉。

6 揉成面团。

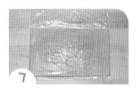

7 放入保鲜袋，擀成长方形薄面片，长度要和枣泥馅长度一样，宽度是枣泥馅的 8 倍左右。

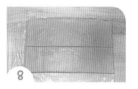

8 撕开保鲜袋，分成两片。

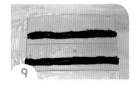

9 把 200 克枣泥馅放在面片上。

10 用保鲜袋辅助，用面片将枣泥馅包起来，入冰箱冷冻 30 分钟。

11 把冻好的面柱从冰箱中取出，切成 2 厘米左右的小段。

12 码放在不粘烤盘中，表面刷蛋黄液，撒熟黑芝麻。

13 放入预热好的烤箱，中下层，上下火，180 摄氏度、30 分钟，上色及时加盖锡纸。

❀ 二狗妈妈碎碎念 ❀

1. 枣泥馅太过湿黏，不好操作，所以先入冰箱冷冻至定型再使用。

2. 用保鲜袋辅助，用面片将枣泥馅包起来，这样面片不会开裂。

3. 我做得稍大一些，如果您不喜欢，可以把枣泥馅包装袋剪小口，把面皮擀薄，将枣泥馅直接挤在面片中间即可。切的块也可以小一些，那样就可以是"一口酥"啦！

4. 不喜欢枣泥馅，可以换任意口味的馅料。

芝麻
饼干

———

这款饼干是本书中唯一一个用到模具的饼干，也是我所有线下活动现场出现频率最高的一款饼干，因为简单好操作，口感越嚼越香，受到了好多亲亲的喜欢……

原料

鸡蛋…………… 1 个	玉米油………… 100 克	糖……………… 40 克	中筋粉………… 200 克
无铝泡打粉……… 3 克	熟白芝麻……… 20 克	熟黑芝麻……… 20 克	

做法

1 将 1 个鸡蛋打入盆中。

2 加入 100 克玉米油、40 克糖。

3 充分搅匀。

4 加入 200 克中筋粉、3 克无铝泡打粉。

5 再加入 20 克熟白芝麻、20 克熟黑芝麻。

6 拌至无干粉状态。

7 把面团分成 20 克一个的小球备用。

8 取一个小球，用 50 克的月饼模具扣出花纹。

9 依次做好所有饼干生坯，码放在不粘烤盘上。

10 送入预热好的烤箱，中下层，上下火，180 摄氏度、30 分钟，上色及时加盖锡纸。

❖━━ 二狗妈妈碎碎念 ━━❖

1. 如果想要饼干更薄一些，可将每块面团分成 15 克，那烘烤时间可以减少 5 分钟。

2. 黑、白芝麻的总量在 40 克即可，可以全部是黑芝麻，也可以全部是白芝麻。当然，如果您不喜欢芝麻，可以将芝麻全部换成您喜欢的干果碎。

3. 没有月饼模具，可以直接把搓好的小球按扁即可烘烤。

4. 烘烤的过程中，饼干会出现吱吱冒油的情况，烘烤结束后就会好啦！

中式
桃酥

中式桃酥里面有核桃吗？没有耶……但这一口下去，
童年的记忆扑面而来……就是这个味儿！

原料

猪油…………… 80 克	玉米油…………… 80 克	糖…………… 50 克	鸡蛋…………… 1 个
中筋粉………… 260 克	无铝泡打粉……… 4 克	小苏打…………… 2 克	熟黑芝麻……… 适量

做法

1

80 克室温软化的猪油、80 克玉米油放入盆中，加入 50 克糖。

2

用电动打蛋器搅打 1 分钟。

3

1 个鸡蛋打散后，分 4~5 次加入到盆中，每加入一次用电动打蛋器打匀后再加入下一次。

4

筛入 260 克中筋粉、4 克无铝泡打粉、2 克小苏打。

5

用刮刀拌至无干粉状态。

6

把揉好的面团分成 30 克一个的小面团，揉圆按扁，码放在不粘烤盘上。

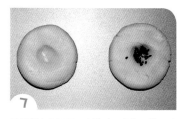
7

用手指在中间压一个坑后，在坑里撒一些熟黑芝麻。

8

送入预热好的烤箱，中下层，上下火，200 摄氏度、20 分钟，上色及时加盖锡纸。

◆━━━ 二狗妈妈碎碎念 ━━━◆

1. 中式桃酥大都是猪油做的，我觉得猪油热量太高，所以用了一半猪油，一半玉米油，您也可以全部用猪油或全部用玉米油。

2. 每个饼干的生坯揉圆按扁时不要按得太薄，不然裂开的花纹不够好看。

中式
杏仁酥

这款饼干，吃起来很有怀旧的感觉，很像小时候，
爸妈从街上拎回来的用油纸包着的点心……

原料 |

扁杏仁·············· 50 克　　低筋粉·············· 200 克　　糖·············· 50 克　　无铝泡打粉·········· 3 克
小苏打·············· 1 克　　猪油·············· 80 克　　鸡蛋·············· 2 个　　大杏仁·············· 适量
表面装饰：蛋黄液适量

做法 |

1
50 克扁杏仁放在研磨杯里磨成粉备用。

2
200 克低筋粉放入盆中，加入 50 克糖、3 克无铝泡打粉、1 克小苏打。

3
把磨好的杏仁粉放入盆中，混合均匀。

4
加入 80 克猪油。

5
用手搓成颗粒状。

6
准备好 2 个鸡蛋，其中 1 个鸡蛋和 1 个蛋白打入大盆中，1 个蛋黄打入小碗中备用。

7
把大盆中所有原料混合均匀，揉成面团。

8
取一块面团，约 20 克，揉圆按扁。

9
依次做完所有面团，码放在不粘烤盘上。

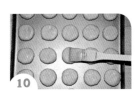

10
表面刷预留的蛋黄液。

11
中间按 1 颗大杏仁。

12
送入预热好的烤箱，中下层，上下火，180 摄氏度、30 分钟，上色及时加盖锡纸。

二狗妈妈碎碎念

1. 饼干的大小随您喜欢，我觉得 15~20 克都可以。
2. 杏仁粉可以用市售的替换，自己打的可以不用非常细腻，会有一些颗粒感，口感更香。
3. 猪油可以用等量黄油替换，如果用植物油，可以减少 10 克左右。

麻薯
软曲奇

表面看着丑丑的一款曲奇，吃起来口感却非常独特，
这个配方做的麻薯凉了也不会硬哟……

原料

麻薯：

糯米粉·············· 75 克

软曲奇：

无盐黄油·········· 130 克

玉米淀粉·············· 25 克

无盐黄油·············· 15 克

糖粉·············· 60 克

低筋粉·············· 260 克

糖·············· 20 克

蜜豆·············· 适量

鸡蛋·············· 1 个

抹茶粉·············· 10 克

牛奶·············· 170 克

巧克力豆·············· 适量

淡奶油·············· 70 克

可可粉·············· 15 克

做法

1 75 克糯米粉、25 克玉米淀粉倒入盆中，加入 20 克糖，混合均匀，倒入 170 克牛奶，搅拌均匀。

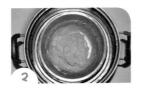

2 蒸锅放足冷水，把盆放入蒸锅，盖好锅盖，大火烧开转中火，盖上蒸 25 分钟，中间用刮刀翻拌一次。

3 把蒸好的麻薯放在硅胶垫上，趁热加入 15 克无盐黄油，戴上硅胶手套，把黄油揉进麻薯中。

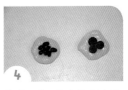

4 分成 24 份，每个约 10 克重，我要做两种口味，所以我把 12 个小麻薯中包上了蜜豆，12 个小麻薯中包入了巧克力豆。

5 分别包好蜜豆和巧克力豆后放在一边凉透备用。

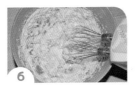

6 130 克无盐黄油室温软化，加入 60 克糖粉，用电动打蛋器搅打均匀。

7 1 个鸡蛋打散后，分 4~5 次加入到黄油盆中，每加入一次用电动打蛋器打匀后再加入下一次。

8 将 70 克淡奶油分 4~5 次加入到黄油盆中，每加入一次都要充分打匀再加入下一次。

9 筛入 260 克低筋粉，用刮刀拌成絮状。

10 把面絮平均分成两份，在其中一份中加入 10 克抹茶粉，在另一份中加入 15 克可可粉，分别揉成面团。

11 把两种颜色的面团分别搓长，各分成 12 份，把抹茶面团按扁后包入蜜豆麻薯，把可可面团按扁后包入巧克力麻薯。

12 捏紧收口后，收口朝下按扁。依次做好所有麻薯软曲奇生坯，码放在不粘烤盘上（我做了两烤盘）。

13 送入预热好的烤箱，中下层，上下火，180 摄氏度、20 分钟。

❄ 二狗妈妈碎碎念 ❄

1. 我做的数量较多，您也可以把所有原料减半制作。

2. 不喜欢可可、抹茶口味的，您可以加入自己喜欢的蔬果粉。如果做原味的，那就增加 10 克低筋粉的用量。

3. 麻薯一定要趁热加入黄油揉匀，一定要戴硅胶手套，一定要在硅胶垫上进行，不然非常粘，不好操作。

4. 蜜豆、巧克力豆也可以换成您喜欢的果干。

黑米
小酥球

牙轻轻一碰就会碎的小酥球，真的很好吃，
黑米粉的加入，嚼起来有一点儿粗糙感，很香呢……

原料

无盐黄油·········· 100 克	糖粉·········· 25 克	熟蛋黄·········· 2 个	低筋粉·········· 50 克
玉米淀粉·········· 50 克	黑米粉·········· 30 克	奶粉·········· 20 克	

做法

1 准备 2 个熟蛋黄。

2 100 克无盐黄油室温软化，加入 25 克糖粉。

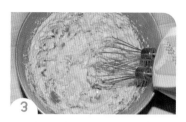

3 用电动打蛋器搅打均匀。

4 把 2 个熟蛋黄碾碎过筛到黄油盆中。

5 筛入 50 克低筋粉、50 克玉米淀粉、30 克黑米粉、20 克奶粉。

6 用刮刀拌至无干粉状态。

7 揉成面团后，用手揪面团，每个约 5 克，搓成小球，码放在不粘烤盘上。

8 送入预热好的烤箱，中下层，上下火，170 摄氏度、22 分钟。

···· **二狗妈妈碎碎念** ····

1. 黑米粉可以用等量杂粮粉替换。

2. 熟蛋黄一定要凉透使用。

3. 我做得比较小，大概是 5 克一个小球，您可以做得大一些，烘烤时间再增加几分钟就可以了，如果不喜欢小球的形状，您也可以按扁再烘烤。

part 5
冰冻饼干

冰冻饼干，其实就是把做的面团在冰箱里冻硬后切片再烘烤的饼干！

本章节共收录了 16 款冰冻饼干，做法大同小异，用的原材料也是非常家常的，同样的粗粮，不同的组合，有不同的口感，每一款我都非常喜欢。其中草莓酱饼干棒被闺蜜宁宁评为最受她女儿喜欢的饼干棒，因为两个孩子吃了一口就停不下来呢！

奥利奥核桃
饼干

一块饼干可以吃到两种饼干的口感，
是不是很奇妙？

原料 |

| 无盐黄油………… 100 克 | 糖粉……………… 30 克 | 鸡蛋……………… 1 个 | 低筋粉………… 180 克 |
| 奥利奥饼干……… 80 克 | 熟核桃仁………… 30 克 | | |

做法 |

1 100 克无盐黄油室温软化。

2 加入 30 克糖粉。

3 用电动打蛋器搅打均匀。

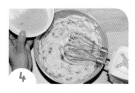

4 1 个鸡蛋打散后，分 4~5 次加入到黄油盆中，每加入一次用电动打蛋器打匀后再加入下一次。

5 筛入 180 克低筋粉。

6 把 80 克奥利奥饼干掰成大块放入盆中，再加入 30 克熟核桃仁。

7 拌至无干粉状态。

8 把揉好的面团放入大保鲜袋，整理成方形柱状，入冰箱冷冻40 分钟。

9 把冷冻好的面团取出，去除保鲜袋，切成 5 毫米厚的片。

10 把切好的面片码放在不粘烤盘上。

11 送入预热好的烤箱，中下层，上下火，160 摄氏度、30 分钟，上色及时加盖锡纸。

◆— 二狗妈妈碎碎念 —◆

1. 80 克奥利奥饼干大概就是 8 块饼干，每块饼干掰成 4 块就行。

2. 核桃仁可以换成您喜欢的任何干果。

3. 冷冻时间不可过长，如果时间太长，造成面团太硬，切的时候会不好操作。

4. 整理面团时不一定非要做成方形，也可以做成圆形、三角形。

豹纹
饼干

饼干也可以很性感哟……

原料 |

无盐黄油·········· 130 克   糖粉··················· 40 克   鸡蛋···················· 1 个   低筋粉············· 230 克
可可粉·············· 4 克   纯黑可可粉·········· 4 克

做法 |

1
130 克无盐黄油室温软化。

2
加入 40 克糖粉。

3
用电动打蛋器搅打均匀。

4
1 个鸡蛋打散后，分 4~5 次加入到黄油盆中，每加入一次用电动打蛋器打匀后再加入下一次。

5
筛入 230 克低筋粉。

6
用刮刀拌成絮状。

7
另取两个大碗，各分出来 100 克面絮。

8
在两个大碗中分别加入 4 克可可粉和 4 克纯黑可可粉。

9
分别揉成面团备用。

10 先把黑色、咖色面团各分成6份。

11 把黑色、咖色面团都搓成长条，纯黑面条要按扁。

12 把咖色面条放在黑色面片上，用黑色面片把咖色面条包起来。

13 把白色面团放在保鲜袋上，再盖一个保鲜袋，擀成宽一些的大面片。

14 把盖着白色面片的保鲜袋拿开，取一个第12步骤做的双色面柱放在最下方。

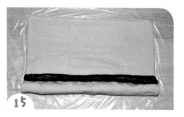

15 用保鲜袋辅助，把白色面片提起来包住黑咖色双色面柱后，立即放上第二个双色面柱。

16 再提起保鲜袋向上卷起来第二个面柱后，就加第三个面柱，以此类推，全部卷好。

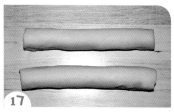

17 把面柱稍搓长，入冰箱冷冻40分钟。

18 把冷冻好的面柱取出后，切成厚约0.5厘米的片。

19 把切面朝上码放在不粘烤盘上。

20 送入预热好的烤箱，中下层，上下火，170摄氏度、25分钟，烘烤10分钟就加盖锡纸。

◆ 二狗妈妈碎碎念 ◆

1. 黑色面片包咖色面团时，不要全包围，而是包围3/4。

2. 白色面团擀成大薄片时，要够宽才可以，这样才可以把6个双色面柱全部包起来。

3. 一定要把白色面片和6个双色面柱紧密粘贴在一起，如果怕粘得不够结实，可以在白色面片上刷蛋白。

草莓酱
饼干棒

这个饼干棒外表憨憨的，味道吃起来是啥样的呢？

嗯……怎么说呢？少女心的那种感觉……宁宁评价说，超～好～吃……

原料

无盐黄油………… 100 克　　糖粉………………… 20 克　　草莓酱……………… 80 克　　低筋粉………… 150 克
草莓果脯………… 60 克

做法

1. 100 克无盐黄油室温软化。

2. 加入 20 克糖粉。

3. 用电动打蛋器搅打均匀。

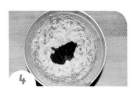
4. 加入 80 克草莓酱。

5. 用电动打蛋器打匀。

6. 筛入 150 克低筋粉。

7. 再加入 60 克草莓果脯。

8. 用刮刀拌至无干粉状态。

9. 把面团放入保鲜袋，整理成一个宽 10 厘米、长 30 厘米、厚 1 厘米的长方形面片，入冰箱冷冻 30 分钟。

10. 把冷冻好的面片取出，去除保鲜袋，切成 1 厘米厚的条。

11. 把切好的长条码放在不粘烤盘上。

12. 送入预热好的烤箱，中下层，上下火，160 摄氏度、30 分钟，上色及时加盖锡纸。

◆ 二狗妈妈碎碎念 ◆

1. 草莓酱可以选择自制草莓酱，也可以选择市售草莓酱。

2. 草莓果脯如果个头太大，要切碎一些再使用。

3. 因为草莓酱含糖量较高，所以我只加了 20 克糖粉。

蜂蜜全麦坚果
饼干棒

很朴实的一款饼干棒，大量全麦粉的加入，
使得这款饼干棒吃起来口感很扎实，很香……

原料 |

无盐黄油⋯⋯⋯⋯⋯ 80 克　　糖粉⋯⋯⋯⋯⋯⋯⋯ 20 克　　牛奶⋯⋯⋯⋯⋯⋯⋯ 30 克　　蜂蜜⋯⋯⋯⋯⋯⋯⋯ 30 克

低筋粉⋯⋯⋯⋯⋯⋯ 80 克　　全麦粉⋯⋯⋯⋯⋯ 100 克　　综合坚果⋯⋯⋯⋯⋯ 80 克

做法 |

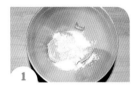

1 80 克无盐黄油室温软化，加入 20 克糖粉。

2 用电动打蛋器搅打均匀。

3 30 克牛奶分 2~3 次加入到黄油盆中，每加入一次都要充分打匀再加入下一次。

4 加入 30 克蜂蜜，用电动打蛋器打匀。

5 筛入 80 克低筋粉。

6 加入 100 克全麦粉。

7 再加入 80 克综合坚果。

8 用刮刀拌至无干粉状态。

9 把揉好的面团放入保鲜袋，整理成一个宽 10 厘米，长 30 厘米，厚 1 厘米的长方形面片，入冰箱冷冻 30 分钟。

10 把冷冻好的面片取出，去除保鲜袋，切成 1 厘米厚的条。

11 把切好的长条码放在不粘烤盘上。

12 送入预热好的烤箱，中下层，上下火，170 摄氏度、30 分钟，上色及时加盖锡纸。

二狗妈妈碎碎念

1. 蜂蜜选择您喜欢的口味即可。

2. 全麦粉要用含麦麸的，口感会稍粗糙一些，有嚼劲。

3. 综合坚果我用的是"每日坚果"，您可以用各种坚果替换，总重量不变即可。

红枣
饼干

咬一口，满口的枣香，好美妙……

原料

无盐黄油…………… 130 克	糖粉………………… 20 克	鸡蛋………………… 1 个	低筋粉…………… 200 克
红枣肉…………… 100 克			

做法

1 准备好 100 克红枣肉，其中 70 克剪成小块，30 克打成枣蓉备用。

2 130 克无盐黄油室温软化。

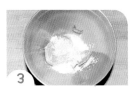

3 加入 20 克糖粉。

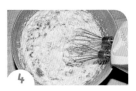

4 用电动打蛋器搅打均匀。

5 1 个鸡蛋打散后，分 4~5 次加入到黄油盆中，每加入一次用电动打蛋器打匀后再加入下一次。

6 筛入 200 克低筋粉。

7 把准备好的枣块和枣蓉都放入盆中。

8 用刮刀拌至无干粉状态。

9 把揉好的面团放入保鲜袋，整理成一个宽 6 厘米，长 30 厘米，厚 2 厘米的长方形面片，入冰箱冷冻 40 分钟。

10 把冷冻好的面片取出，去除保鲜袋，切成 5 毫米厚的片。

11 把切好的面片码放在不粘烤盘上。

12 送入预热好的烤箱，中下层，上下火，160 摄氏度、30 分钟，上色及时加盖锡纸。

◆·• 二狗妈妈碎碎念 •·◆

1. 红枣肉一部分打成蓉一部分剪成小块，是为了不同的口感，您也可以全部打成蓉或者全部剪成小块。

2. 烘烤的时候一定要注意观察饼干的颜色，千万别烤过火，不然枣会变苦。

3. 因为加入了大量的红枣肉，所以糖粉只加了很少的量，您也可以把糖粉换成红糖，口感会稍有不同。

火龙果黑芝麻
饼干

这一抹娇艳的颜色，
看着就让人食欲大动……

原料 |

无盐黄油…………… 100 克   糖粉………………… 40 克   红心火龙果肉………… 60 克   低筋粉…………… 160 克

奶粉………………… 10 克   熟黑芝麻…………… 40 克

做法 |

1 100 克无盐黄油室温软化。

2 加入 40 克糖粉。

3 用电动打蛋器搅打均匀。

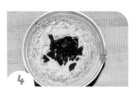

4 加入 60 克红心火龙果肉丁。

5 用电动打蛋器搅打均匀。

6 筛入 160 克低筋粉、10 克奶粉。

7 加入 40 克熟黑芝麻。

8 用刮刀拌至无干粉状态。

9 把揉好的面团放入大保鲜袋，整理成方形柱状，入冰箱冷冻 40 分钟。

10 把冷冻好的面团取出，去除保鲜袋，切成 5 毫米厚的片。

11 把切好的面片码放在不粘烤盘上。

12 送入预热好的烤箱，中下层，上下火，160 摄氏度、30 分钟，烘烤 10 分钟就加盖锡纸。

◆ 二狗妈妈碎碎念 ◆

1. 红心火龙果肉切成小丁即可，因为用电动打蛋器可以打碎。

2. 整理面团时不一定非要做成方形，也可以做成圆形、三角形。

3. 熟黑芝麻可以用自己喜欢的坚果碎替换。

数量：7~8块

可可乳酪
夹心饼干

微苦的饼干加上微酸的夹心，非常耐得住细细品味……
如果您把冻硬的面饼生坯，用圆形模具扣成小圆饼，烘烤后再夹心，像极了奥利奥呀……

原料

饼干面团：

无盐黄油·············· 60 克	糖粉·············· 25 克	淡奶油·············· 30 克	低筋粉·············· 80 克
	可可粉·············· 8 克	纯黑可可粉········· 2 克	

乳酪夹心：

奶油奶酪·············· 50 克	无盐黄油·············· 20 克	糖·············· 10 克

做法

1 60 克无盐黄油室温软化。

2 加入 25 克糖粉。

3 用电动打蛋器搅打均匀。

4 30 克淡奶油分 3 次加入到黄油盆中，每加入一次都要充分打匀再加入下一次。

5 筛入 80 克低筋粉、8 克可可粉、2 克纯黑可可粉。

6 用刮刀拌至无干粉状态。

7

把揉好的面团放入保鲜袋，整理成一个宽8厘米，长30厘米，厚1毫米的长方形面片，入冰箱冷冻20分钟。

8

把冷冻好的面片取出，去除保鲜袋，切成喜欢的大小。

9

把切好的方形饼干生坯码放在不粘烤盘上。

10

送入预热好的烤箱，中下层，上下火，170摄氏度、20分钟，出炉凉透备用。

11

50克室温软化的奶油奶酪放入盆中，加入20克室温软化的无盐黄油、10克糖，用电动打蛋器打匀。

12

装入裱花袋。

● 二狗妈妈碎碎念 ●

1. 纯黑可可粉可以用普通可可粉替换，我是为了颜色更深一些，才加的纯黑可可粉。

2. 把冻硬的面片切成自己喜欢的大小时要注意，不管您切成什么形状，要保证一组两片的形状大小是一致的。

3. 喜欢吃甜一些的，在面团中和夹心中都可以适当加糖。

13

挤在一片饼干的反面，盖上另一块饼干就可以啦。

可可杏仁
饼干棒

太酥香啦！一碰都会碎掉的那种酥……
放在嘴里香气四溢那种香……

原料

无盐黄油………… 100 克　　糖粉…………… 35 克　　淡奶油…………… 60 克　　低筋粉…………… 160 克
可可粉…………… 15 克　　杏仁片………… 100 克

做法

1 100 克无盐黄油室温软化。

2 加入 35 克糖粉。

3 用电动打蛋器搅打均匀。

4 60 克淡奶油分 4~5 次加入到黄油盆中，每加入一次都要充分打匀再加入下一次。

5 筛入 160 克低筋粉、15 克可可粉。

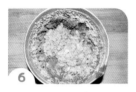

6 再加入 100 克杏仁片。

7 用刮刀拌至无干粉状态。

8 用保鲜袋辅助，把揉好的面团整理成 1 厘米厚的长方形面片，入冰箱冷冻 30 分钟。

9 把冷冻好的面片取出，去除保鲜袋，切成 6 毫米宽的条。

10 把切好的面片码放在不粘烤盘上。

11 送入预热好的烤箱，中下层，上下火、160 摄氏度、25 分钟，烘烤 10 分钟后就加盖锡纸。

◆ 二狗妈妈碎碎念 ◆

1. 淡奶油可以用 50 克牛奶替换。
2. 此款饼干也可以整理成方形面柱，入冰箱冷冻 1 小时后再切片烘烤。
3. 杏仁片可以换成您喜欢的坚果。

榴莲核桃
饼干

喜欢榴莲的亲亲们一定不可错过的一款饼干，
太好吃啦……

原料 |

无盐黄油⋯⋯⋯⋯ 100 克　　糖粉⋯⋯⋯⋯⋯⋯⋯ 30 克　　榴莲果肉⋯⋯⋯⋯ 100 克　　低筋粉⋯⋯⋯⋯⋯ 180 克
核桃仁⋯⋯⋯⋯⋯⋯ 60 克

做法 |

1 100 克无盐黄油室温软化。

2 加入 30 克糖粉。

3 用电动打蛋器搅打均匀。

4 加入 100 克榴莲果肉，用电动打蛋器打匀。

5 筛入 180 克低筋粉。

6 再加入 60 克核桃仁。

7 用刮刀拌至无干粉状态。

8 把揉好的面团放入大保鲜袋，整理成方形柱状，入冰箱冷冻40 分钟。

9 把冷冻好的面团取出，去除保鲜袋，切成 5 毫米厚的片。

10 把切好的面片码放在不粘烤盘上。

11 送入预热好的烤箱，中下层，上下火，160 摄氏度、30 分钟，上色及时加盖锡纸。

● 二狗妈妈碎碎念 ●

1. 榴莲一定要选择熟透的果肉。

2. 核桃仁可以用您喜欢的任何坚果仁替换。

3. 烘烤时间结束后，最好再用烤箱余温焖10 分钟，彻底凉透后食用。

麻辣花生
饼干

把麻辣花生做到饼干里，会好吃吗？
嘻嘻，您把那个"吗"字去掉，答案是：会！好！吃！

原料

麻辣花生·············· 80 克　　无盐黄油·············· 80 克　　糖粉·············· 45 克　　鸡蛋·············· 1 个
低筋粉·············· 130 克

做法

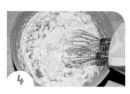

1. 80 克麻辣花生放入研磨杯。
2. 开启研磨杯，把麻辣花生打碎备用。
3. 80 克无盐黄油室温软化，加入 45 克糖粉。
4. 用电动打蛋器搅打均匀。

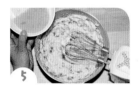
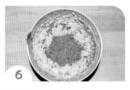

5. 1 个鸡蛋打散后，分 4~5 次加入到黄油盆中，每加入一次用电动打蛋器打匀后再加入下一次。
6. 把麻辣花生碎放入盆中。
7. 筛入 130 克低筋粉。
8. 拌匀。

9. 把揉好的面团装入大保鲜袋，整理成方形柱状，入冰箱冷冻 40 分钟。
10. 把冷冻好的面团取出，去除保鲜袋，切成 5 毫米厚的片。
11. 把切好的面片码放在不粘烤盘上。
12. 送入预热好的烤箱，中下层，上下火，160 摄氏度、30 分钟，上色及时加盖锡纸。

二狗妈妈碎碎念

1. 市售的麻辣花生有很多品牌，挑选自己的喜欢就可以啦。
2. 如果没有研磨杯，可以把麻辣花生放在保鲜袋里，用擀面杖擀碎。
3. 冷冻时间不可过长，如果时间太长，造成面团太硬，切的时候会不好操作。
4. 面团整理成方形柱状时，可以用家里的长条纸盒辅助，比如油纸盒、锡纸盒等。

抹茶蜜豆
饼干

抹茶和蜜豆是最佳拍档，
只要两位同时出现，味道一定错不了的……

原料 |

无盐黄油…………… 100 克   糖粉………………… 30 克   鸡蛋………………… 1 个   低筋粉…………… 150 克
抹茶粉……………… 10 克   蜜豆………………… 80 克

做法 |

1 100 克无盐黄油室温软化。

2 加入 30 克糖粉。

3 用电动打蛋器搅打均匀。

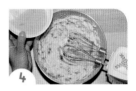

4 1 个鸡蛋打散后，分 4~5 次加入到黄油盆中，每加入一次用电动打蛋器打匀后再加入下一次。

5 筛入 150 克低筋粉、10 克抹茶粉。

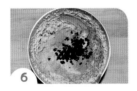

6 再加入 80 克蜜豆。

7 用刮刀拌至无干粉状态。

8 用保鲜袋辅助，把揉好的面团整理成圆柱形，入冰箱冷冻40 分钟。

9 把冷冻好的面团取出，去除保鲜袋，切成 5 毫米厚的片。

10 把切好的面片码放在不粘烤盘上。

11 送入预热好的烤箱，中下层，上下火、160 摄氏度、30 分钟，烘烤 10 分钟就加盖锡纸。

◆ 二狗妈妈碎碎念 ◆

1. 抹茶粉一定要选择品质好的，不然成品颜色不够好看。

2. 因为蜜豆比较甜，所以我加入糖粉的量比较少。

3. 如果圆柱形不好操作，您可以整理成方形。

奶酪巧克力豆
饼干

入口微酸，搭配上巧克力豆的醇香，
嗯，好吃！

原料

无盐黄油·············· 80 克　　奶油奶酪·············· 40 克　　糖粉·············· 35 克　　稠酸奶·············· 40 克

低筋粉·············· 120 克　　奶粉·············· 20 克　　巧克力豆·············· 30 克

做法

1 80 克室温软化的无盐黄油放入盆中，加入 40 克室温软化的奶油奶酪。

2 加入 35 克糖粉。

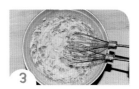
3 用电动打蛋器搅打均匀。

4 40 克稠酸奶分两次倒入盆中，每加入一次都要用电动打蛋器打匀后再加入下一次。

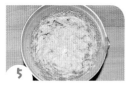
5 加完稠酸奶的状态。

6 筛入 120 克低筋粉、20 克奶粉。

7 用刮刀拌至无干粉状态。

8 再加入 30 克巧克力豆拌匀。

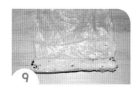
9 把揉好的面团装入保鲜袋，整理成方形面柱，入冰箱冷冻 40 分钟。

10 把冷冻好的面团取出，去除保鲜袋，切成 5 毫米厚的片。

11 把切好的面片码放在不粘烤盘上。

12 送入预热好的烤箱，中下层，上下火、160 摄氏度、30 分钟，上色及时加盖锡纸。

◆ 二狗妈妈碎碎念 ◆

1. 黄油和奶油奶酪一定要室温软化到位。

2. 巧克力豆可以换成您喜欢的坚果碎。

3. 稠酸奶可以用 35 克淡奶油替换。

柠檬
饼干

酸酸甜甜，非常清新的一款饼干，
因为柠檬太酸，所以我加入的糖粉稍多一点儿哟……

原料

无盐黄油·············· 100 克   糖粉·············· 45 克   柠檬汁·············· 40 克   低筋粉·············· 180 克
柠檬皮碎·············· 15 克

做法

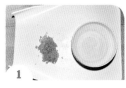

1 将一个柠檬用盐搓洗干净外皮后，削下来柠檬皮切碎（约 15 克），挤出 40 克柠檬汁备用。

2 100 克无盐黄油室温软化。

3 加入 45 克糖粉。

4 用电动打蛋器搅打均匀。

5 把 40 克柠檬汁分 3 次倒入盆中，每加入一次都要打匀再加入下一次。

6 筛入 180 克低筋粉。

7 把柠檬皮碎放入盆中。

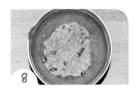

8 用刮刀拌至无干粉状态。

9 把揉好的面团装入保鲜袋，整理成方形面柱，入冰箱冷冻40 分钟。

10 把冷冻好的面团取出，去除保鲜袋，切成 5 毫米厚的片。

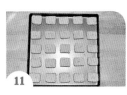

11 把切好的面片码放在不粘烤盘上。

12 送入预热好的烤箱，中下层，上下火、160 摄氏度、30 分钟，上色及时加盖锡纸。

◆ 二狗妈妈碎碎念 ◆

1. 柠檬皮一定要用盐搓洗干净，用削皮刀削皮的时候注意不要削到白色的部分，不然口感会苦。

2. 如果想口感更丰富，可以在面团中加入少许的干果碎。

酸奶大理石纹
饼干

每切下一刀都有惊喜，
每一块饼干的花纹都不一样呢……

原料

无盐黄油………… 130 克　　糖粉……………… 40 克　　稠酸奶……………… 50 克　　低筋粉…………… 230 克
可可粉……………… 5 克

做法

1
130 克无盐黄油室温软化，加入 40 克糖粉。

2
用电动打蛋器搅打均匀。

3
50 克稠酸奶分 3 次加入到黄油中，每加入一次都要用电动打蛋器搅打均匀后再加入下一次。

4
筛入 230 克低筋粉。

5
用刮刀拌成絮状。

6
另取一个大碗，从大盆中取出 130 克面絮，加入 5 克可可粉。

7
分别揉成面团。

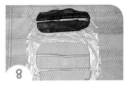

8
用保鲜袋辅助，把两种颜色面团都擀开，可可面片分成 2 份备用，白色面片分成 3 份备用。

9
把两种颜色的面片交替放好，用手扭转。

10
用保鲜袋辅助，把面团整理成一个圆柱形，入冰箱冷冻 40 分钟。

11
把冷冻好的面柱取出后，切成厚约 0.5 厘米的片。

12
把切面朝上码放在不粘烤盘上。

13
送入预热好的烤箱，中下层，上下火，170 摄氏度、25 分钟，烘烤 10 分钟就加盖锡纸。

◆━ 二狗妈妈碎碎念 ━◆

　　1. 我把两种颜色的面团分成厚片后再组合，扭在一起，这样出来的纹路会比较清晰。

　　2. 酸奶可以用一个鸡蛋替换。

　　3. 把两种颜色的面团扭在一起的时候，不要过度揉捏，否则会造成花纹不清晰。

玉米面瓜子仁
饼干

纯玉米面做的饼干，口感一定会有些粗糙的，
但因为黄油和瓜子仁的出现，这款饼干就变得不是那么的单调咯……

原料

无盐黄油··········· 100 克　　糖粉··············· 40 克　　盐··············· 2 克　　鸡蛋··············· 1 个

细玉米面··········· 180 克　　熟瓜子仁··········· 50 克

做法

1 100 克无盐黄油室温软化。

2 加入 40 克糖粉、2 克盐。

3 用电动打蛋器搅打均匀。

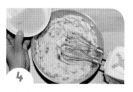

4 1 个鸡蛋打散后，分 4~5 次加入到黄油盆中，每加入一次用电动打蛋器打匀后再加入下一次。

5 筛入 180 克细玉米面。

6 再加入 50 克熟瓜子仁。

7 用刮刀拌至无干粉状态。

8 把揉好的面团装入保鲜袋，整理成三角形面柱，送入冰箱冷冻 40 分钟。

9 把冷冻好的面团取出，去除保鲜袋，切成 5 毫米厚的片。

10 把切好的面片码放在不粘烤盘上。

11 送入预热好的烤箱，中下层，上下火，160 摄氏度、30 分钟，上色及时加盖锡纸。

●—— 二狗妈妈碎碎念 ——●

1. 一定要用细玉米面，如果觉得细玉米面口感有些粗糙，可以等量换一部分低筋粉。

2. 瓜子仁可以换成您喜欢的任何坚果碎。

3. 整理面团时不一定非要做成三角形，也可以做成圆形、方形等。

迷彩
饼干

因为喜欢中国军人的所有颜色，所以喜欢上了迷彩这个图案。
我们永远都要记住：我们的岁月静好，是因为他们的负重前行！

原料

无盐黄油·········· 130 克	糖粉················· 40 克	鸡蛋·················· 1 个	低筋粉············· 230 克
可可粉·············· 5 克	抹茶粉·············· 5 克		

做法

1. 130 克无盐黄油室温软化。

2. 加入 40 克糖粉。

3. 用电动打蛋器搅打均匀。

4. 1 个鸡蛋打散后，分 4~5 次加入到黄油盆中，每加入一次用电动打蛋器打匀后再加入下一次。

5. 筛入 230 克低筋粉。

6. 用刮刀拌成絮状。

7. 另取两个大碗，各分出来 130 克面絮，在两个大碗中分别放入 5 克可可粉、5 克抹茶粉。

8. 分别揉成面团。

9. 把白色面团分成 3 份搓长，把可可面团和抹茶面团各分成 2 份搓长。

10. 把 3 种颜色的面柱颜色岔开码放在一起，把面团随意拧几下，搓长。

11. 用保鲜袋包起来，整理成方形面柱，入冰箱冷冻 40 分钟至硬挺。

12. 把冷冻好的面柱取出后，切成厚约 0.5 厘米的片。

13. 把切面朝上码放在不粘烤盘上。送入预热好的烤箱，中下层，上下火、170 摄氏度、25 分钟，烘烤 10 分钟就加盖锡纸。

> ●—◀ **二狗妈妈碎碎念** ▶—●
>
> 1. 3 种颜色面团分成若干块，混合在一起就可以，不用完全按照我的方法做。
>
> 2. 注意 3 种颜色面团混合在一起的时候，不要过度揉捏，否则会造成颜色不清晰，纹路就不好看了。

part 6
无糖饼干

无糖饼干，献给咱家老人的爱！

在写这本书之初，我就下定决心要写一章节无糖饼干的内容，因为我的爸爸是糖尿病患者，我的公公婆婆平时也不爱吃含糖量高的食品，我想，很多很多家的老人应该和我家老人一样吧……

本章节共收录了14款无糖饼干，用到了土豆、南瓜、红薯、山药、豆腐等健康食材，还用到了玉米面、小米面、黑米面、全麦粉等杂粮粉，除了两款酥条饼干用油量稍大些，其他无糖饼干用油量都比较少，有的干脆就没有放油，我想让咱家的老人也可以放心大胆地吃零食……

可能您会问：无糖饼干，真的好吃吗？

那您快动手做几款试试吧！

数量：20块

无糖葱香乳酪
饼干

葱香、乳酪香，伴有全麦粉的麦香，
这款无糖饼干，一定会让咱家父母喜欢的！

原料 |

低筋粉·············· 80克	全麦粉·············· 20克	乳酪粉·············· 20克	橄榄油·············· 30克
水·············· 30克	盐·············· 0.5克	香葱碎·············· 30克	

做法 |

1 80克低筋粉、20克全麦粉放入盆中。

2 加入20克乳酪粉。

3 加入30克橄榄油、30克水、0.5克盐。

4 加入30克香葱碎。

5 拌匀后揉成面团。

6 把面团放入大保鲜袋，擀成约1毫米厚的薄片。

7 撕开保鲜袋，把面片切成大方块，用叉子在每块饼干生坯上叉几下。

8 码放在不粘烤盘上。

9 送入预热好的烤箱，中下层，上下火，160摄氏度、23~25分钟。

●◆ 二狗妈妈碎碎念 ◆●

1. 全麦粉要选用含有麦麸的，更健康哟。

2. 橄榄油可以用您喜欢的植物油替换。

3. 盐就放了一点儿，因为乳酪粉就含有咸味，所以盐就不用再多加了。

4. 香葱碎一定要切细碎一点儿哟。

无糖豆腐杂粮
饼干

豆腐也能做饼干吗？当然可以啦！
您不信试试看，可好吃啦……

原料 |

老豆腐…………… 160 克　　橄榄油…………… 40 克　　低筋粉…………… 180 克　　小米面…………… 40 克
细玉米面………… 40 克　　盐………………… 3 克　　小苏打…………… 1 克　　核桃仁…………… 30 克
熟白芝麻………… 10 克

做法 |

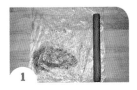
1 30 克熟核桃仁放入保鲜袋，用擀面杖擀碎备用。

2 160 克老豆腐放入盆中，碾碎。

3 加入 40 克橄榄油。

4 加入 180 克低筋粉、40 克小米面、40 克细玉米面、3 克盐、1 克小苏打。

5 加入之前擀碎的 30 克核桃仁碎和 10 克熟白芝麻。

6 揉成面团，盖好静置 20 分钟。

7 把面团放案板上擀成厚约 1 毫米的方形薄片。

8 切成 2 厘米 ×8 厘米的长方形小片。

9 取一个小面片，在中间切一刀，把面片一端从这个中间切的刀口中翻折过来。

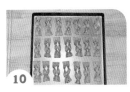
10 依次做好所有小面片，码放在不粘烤盘。

11 送入预热好的烤箱，中下层，上下火，160 摄氏度、30 分钟，上色及时加盖锡纸。

◆•● 二狗妈妈碎碎念 ●•◆

1. 豆腐要选用老豆腐，水分较少一些的。

2. 小米面和玉米面可以用您喜欢的任何杂粮粉替换。

3. 核桃仁和芝麻也可以用您喜欢的任何干果替换。

4. 我做的量比较大，您可以减半操作。

无糖海苔苏打
饼干

淡淡的海苔香气加上酥脆的饼干口感，
吃一块还想再吃第二块呢……

原料

鸡蛋·············· 1个	牛奶·············· 40克	橄榄油·············· 40克	海苔碎·············· 6克
低筋粉·············· 200克	酵母·············· 2克	盐·············· 1克	小苏打·············· 2克

做法

1 1个鸡蛋打入碗中，加入40克牛奶、40克橄榄油。

2 搅匀备用。

3 准备好6克海苔碎。

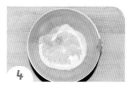

4 200克低筋粉倒入盆中，加入2克酵母、1克盐、2克小苏打。

5 把第2步准备好的鸡蛋牛奶液倒入盆中，搅匀后加入海苔碎。

6 揉成面团，盖好静置30分钟。

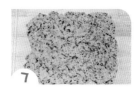

7 把面团放在案板上擀成1毫米厚的薄片。

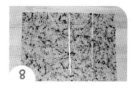

8 修去不规则的边，切成喜欢的大小，我切的是4厘米×8厘米。

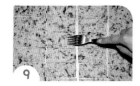

9 用叉子在每块饼干生坯上都扎几排洞。

10 码放在不粘烤盘上。

11 送入预热好的烤箱，中下层，上下火，170摄氏度、25分钟，上色及时加盖锡纸。

◆ 二狗妈妈碎碎念 ◆

1. 鸡蛋、牛奶都要用常温的。

2. 海苔用剪刀剪得碎一些效果更好。

3. 因为海苔已经有咸味，所以我在面团中只加入了1克盐。

4. 海苔换成香葱碎，牛奶减少10克用量，就是香葱苏打饼干啦。

无糖黑米面
饼干

———

很健康的一款小零食，虽然全部都是黑米粉，
但口感也没有感到十分粗糙哟……

原料

鸡蛋·················· 1个　　橄榄油·················· 30克　　牛奶·················· 30克　　盐·················· 3克
黑米粉·············· 200克　　表面装饰：全蛋液适量、熟白芝麻适量

做法

将1个鸡蛋打入盆中，加入30克橄榄油、30克牛奶、3克盐。

充分搅匀。

加入200克黑米粉。

搅匀后揉成面团，盖好静置30分钟。

把面团放在案板上，擀成1毫米厚的大薄片。

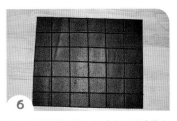
修去不规则的四边，切成自己喜欢的大小。

用刮板辅助，把小面片码放在不粘烤盘上，用叉子在每块面片上都叉一些小孔。

表面刷全蛋液，撒一些熟白芝麻。

送入预热好的烤箱，中下层，上下火，170摄氏度、20分钟。

◆━━ 二狗妈妈碎碎念 ━━◆

1. 黑米粉可以换成细玉米面，橄榄油可以换成您喜欢的任何植物油。

2. 如果觉得口感稍显粗糙的话，可以用低筋粉等量替换一部分黑米粉。

3. 面片尽可能地擀薄，切下来的边角料可以重新叠在一起，再擀开，切成喜欢的大小烘烤。

4. 这款饼干量稍大，您可以把所有材料减半后操作。

无糖红薯小方块
饼干

吃起来很焦香，有一丝红薯的甜，
越吃越爱吃的一款健康小饼干……

原料

蒸熟凉透的红薯··· 240 克　　玉米油················ 30 克　　低筋粉·············· 280 克　　无铝泡打粉········· 3 克
熟黑芝麻············· 10 克

做法

1 240 克蒸熟凉透的红薯放入保鲜袋，用擀面杖擀成泥。

2 把红薯泥放入盆中，加入 30 克玉米油。

3 加入 280 克低筋粉、3 克无铝泡打粉。

4 加入 10 克熟黑芝麻。

5 揉成面团，盖好静置 30 分钟。

6 把面团放案板上擀成厚约 2 毫米的方形面片。

7 修掉不规则的边角，切成边长约 5 厘米的正方形小方块。把小方块放在不粘烤盘上。

8 用筷子在每个小方块中间压一下。

9 送入预热好的烤箱，中下层，上下火，160 摄氏度、35 分钟，上色及时加盖锡纸。

◆ 二狗妈妈碎碎念 ◆

1. 红薯的吸水性不一样，请注意调整面粉的用量，揉好的面团是偏硬一些的。

2. 玉米油可以用您喜欢的任何植物油替换，也可以把黄油熔化后等量替换。

3. 您也可以把面团尽量擀薄，切成大方块烘烤，烘烤时间减少约 10 分钟。

4. 这款饼干量稍大些，您可以把所有材料减半后操作。

数量：30根左右

无糖椒盐黑芝麻酥条

有点儿咸味的点心吃起来总是不腻，加上芝麻的香，
还有丝丝花椒的麻，相信咱爸妈一定会喜欢！

原料

水油皮面团：

水············· 75 克　　玉米油············· 40 克　　中筋粉········· 160 克　　盐············· 2 克

油酥面团：

低筋粉······· 120 克　　玉米油············· 55 克

椒盐黑芝麻馅：

熟中筋粉······· 20 克　　熟黑芝麻粉······· 80 克　　花椒粉········· 2 克　　盐············· 2 克

玉米油············· 45 克

表面装饰：蛋黄液适量

做法

1

80 克熟黑芝麻粉、20 克熟中筋粉、2 克盐、2 克花椒粉放入碗中，加入 45 克玉米油拌匀备用。

2

75 克水、40 克玉米油、160 克中筋粉、2克盐放入面包机内桶。

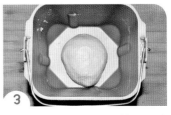

3

3.启动和面程序，定时 20 分钟，这是水油皮面团，盖好静置 20 分钟。

4

取一个大碗，放入 120 克低筋粉，55 克玉米油，抓匀、揉成面团备用，这是油酥面团。

5

把水油皮面团擀开，包入油酥面团。

6

捏紧收口。

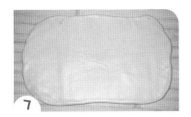

7

慢慢按扁后擀开，成长方形。

8

左右往中间折起来。

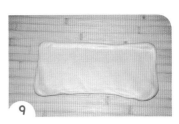

9

把面片横过来，再擀长。

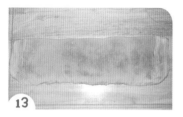  

把面片上下对折，用擀面杖再擀一擀。

用刀切成5厘米宽的长条。

把长条都扭几下后放在不粘烤盘中。在没有馅料的地方刷蛋黄液。

送入预热好的烤箱，中下层，上下火，180摄氏度、30分钟，上色及时加盖锡纸。

<hr>

二狗妈妈碎碎念

1.熟中筋粉就是把面粉放在无油无水的锅中，小火炒至微微发黄即可。

2.这款点心用的是大包酥的手法，注意在擀的时候不要太用力压，如果觉得面团不容易推开，就盖好静置一会儿再擀。

3.如果想吃带一点儿甜味的，那就在馅料中加入20克糖。

无糖麻辣饺子皮
脆饼

剩下的饺子皮怎么办？做成小脆饼吧，
看书看电视时候吃一块，嘎嘣嘎嘣地，可好吃咯……

原料

蛋黄…………… 1个	盐…………………… 5克	辣椒粉……………… 1克	市售饺子皮…… 20张左右
熟白芝麻………… 2克	水…………………… 4克	花椒粉………………0.5克	

做法

1 1个蛋黄、5克盐、1克辣椒粉、0.5克花椒粉、2克熟白芝麻放入碗中。

2 加入4克水后搅匀备用。

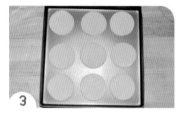

3 把市售饺子皮码放在烤盘上。

4 用叉子在饺子皮上叉些孔洞。

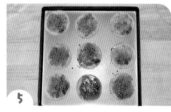

5 把之前调好的料刷在每张饺子皮上。

6 送入预热好的烤箱，中下层，上下火，180摄氏度、12分钟左右。

◆━ 二狗妈妈碎碎念 ━◆

1.这款脆饼麻辣口味不是十分重，如果喜欢更麻更辣的，可以根据自己的喜好加料。

2.如果不想用市售饺子皮，可以60克水+100克中筋粉揉成面团后，静置20分钟后搓长切小剂子，擀成饺子皮，接下来的步骤就都一样咯。

3.如果不喜欢麻辣口味，可以换成孜然的、葱香的，那么刷的料就要稍有调整。比如，孜然口味的，可以不放花椒粉和辣椒粉，放1克孜然；葱香口味的，可以不放花椒粉和辣椒粉，放0.5克五香粉+5克香葱碎等。

数量：50~60块

无糖南瓜
饼干

简简单单的一款南瓜饼干，讨喜的金黄色搭上淡淡的咸味，
爸妈看电视时拿它作小零食一定不错哟……

原料 |

蒸熟凉透的南瓜泥··· 100克   橄榄油················ 20克   淡奶油················ 30克   盐····················· 2克
低筋粉·············· 220克

做法 |

1 100克蒸熟凉透的南瓜泥放入盆中，加入20克橄榄油、30克淡奶油、2克盐。

2 搅匀后筛入220克低筋粉。

3 搅匀后揉成面团，盖好静置30分钟。

4 把面团放在案板上擀成1毫米厚的方形大薄片。

5 修去不规则的四边，切成2厘米×6厘米的长条。

6 把长条扭转一下后码放在不粘烤盘中。

7 送入预热好的烤箱，中下层，上下火，170摄氏度、25分钟，上色及时加盖锡纸。

● 二狗妈妈碎碎念 ●

1. 南瓜泥含水量不同，面粉用量要根据状态进行调整。

2. 橄榄油可以用您喜欢的植物油替换。

3. 淡奶油可以用25克牛奶替换。

4. 如果想吃甜味的饼干，可以加入30克糖。

5. 面团里也可以加入芝麻，口感会更香。

无糖全麦
饼干

酥酥脆脆的，非常好吃，给爸妈做一些吧！
他们一定会很喜欢哟！

原料

低筋粉	170 克	全麦粉	30 克	盐	2 克	无铝泡打粉	2 克
橄榄油	30 克	水	80 克				

做法

1 170 克低筋粉、30 克全麦粉放入盆中，加入 2 克盐、2 克无铝泡打粉。

2 加入 30 克橄榄油。

3 用手搓成颗粒状。

4 加入 80 克水。

5 揉成面团，盖好静置 30 分钟。

6 把面团放案板上擀成方形薄片。

7 用刀修成自己喜欢的形状，在每一个生坯上都用叉子插几个孔。

8 码放在不粘烤盘上。

9 送入预热好的烤箱，中下层，上下火，170 摄氏度、20~25 分钟，上色及时加盖锡纸。

◆·◈ 二狗妈妈碎碎念 ◈·◆

1. 全麦粉要用含麦麸的，口感虽然粗糙，但营养成分更高。

2. 橄榄油可以用您喜欢的植物油替换。

3. 切割形状随意，不一定和我的一样。

4. 用刮刀辅助，把切好的面片移到烤盘上，比较好操作。

无糖山药黑芝麻
饼干

——

别看我不好看，也别看我没有糖没有盐的，
可我这营养一点儿不差呀！

原料

熟山药⋯⋯⋯⋯ 300 克	低筋粉⋯⋯⋯⋯ 150 克	无铝泡打粉⋯⋯⋯ 2 克	橄榄油⋯⋯⋯⋯⋯ 40 克
熟黑芝麻⋯⋯⋯ 30 克			

做法

1 准备好 300 克蒸熟凉透的熟山药。

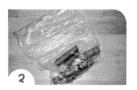

2 把熟山药放在大保鲜袋里。

3 用擀面杖擀成泥。

4 把山药泥倒入盆中，加入 150 克低筋粉、2 克无铝泡打粉。

5 加入 40 克橄榄油。

6 再加入 30 克熟黑芝麻。

7 用手揉成面团。

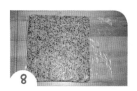

8 把面团放在大保鲜袋里，擀成薄片。

9 把保鲜袋剪开，用刮板切成自己喜欢的大小。

10 用刮板辅助，把生坯码放在不粘烤盘上。

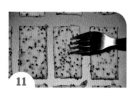

11 用叉子在每个生坯上面都叉上小孔。

12 送入预热好的烤箱，中下层，上下火，170 摄氏度、30 分钟。

● 二狗妈妈碎碎念 ●

1. 山药皮富含丰富的微量元素，所以我没有去掉，如果您介意的话，可以削皮后再蒸，削皮时要戴手套哟。

2. 橄榄油可以用您喜欢的植物油替换。

3. 想吃甜味的可以加入 30 克糖，想吃咸味的可以加入 2 克盐。

无糖土豆小米面
饼干

嘎嘣脆的一款健康零食，若有若无的咸味，
加上饼干的焦香，很是令人寻味呢……

原料

蒸熟凉透的土豆···· 150 克　　低筋粉··········· 210 克　　小米面··········· 70 克　　盐················· 2 克
无铝泡打粉·········· 3 克　　鸡蛋··········· 1 个

做法

1 150 克蒸熟凉透的土豆放在保鲜袋中，用擀面杖擀成泥。

2 210 克低筋粉、70 克小米面放在盆中，加入 2 克盐、3 克无铝泡打粉，混合均匀。

3 把土豆泥放入盆中。

4 搓成颗粒状，加入 1 个鸡蛋。

5 揉成面团，盖好静置 30 分钟。

6 案板上撒面粉，把面团放案板上擀成 1 毫米厚的方形面片。

7 修去不规则的四边后，切成宽约 2 厘米，长约 8 厘米的长条。

8 将面片翻折一下后，码放在不粘烤盘上。

9 送入预热好的烤箱，中下层，上下火，160 摄氏度、40 分钟，上色及时加盖锡纸。

◆ 二狗妈妈碎碎念 ◆

1. 土豆泥含水量不同，面粉用量要根据状态进行调整。

2. 鸡蛋可以用 50 克水替换。

3. 小米面可以用您喜欢的杂粮粉替换。

4. 如果想吃甜味的饼干，可以加入 30 克糖。

数量：26根左右

无糖咸蛋黄黑芝麻
阿拉棒

淡淡的咸蛋黄香加上黑芝麻的香，
有一些盐味，嗯，很好吃……

原料

中号咸蛋黄··········· 6 个	白酒··············· 少许	牛奶···············130 克	盐··················2 克
低筋粉···········200 克	熟黑芝麻·········· 10 克	表面装饰：全蛋液适量	

做法

1 6 个中号咸蛋黄（约 65 克）喷白酒后入预热好的烤箱，中层，180 摄氏度、8 分钟。

2 取出凉凉后放进保鲜袋，用擀面杖擀成蛋黄碎。

3 把咸蛋黄碎放入盆中，加入 130 克牛奶、2 克盐。

4 充分搅匀后，加入 200 克低筋粉、10 克熟黑芝麻。

5 揉成面团，盖好静置 30 分钟。

6 把静置好的面团放在案板上按扁后擀成 5 毫米厚的长方形片。

7 用刀切成宽 1 厘米的面条。

8 把每根面条都扭几下后，码放在不粘烤盘上。表面刷全蛋液。

9 送入预热好的烤箱，中下层，上下火，170 摄氏度、30 分钟，上色及时加盖锡纸。

◆━━━● 二狗妈妈碎碎念 ●━━━◆

1. 咸蛋黄咸度不同，如果您用的是特别咸的蛋黄，那就不用再加盐了。

2. 烤盘上抹一点儿水，扭好的阿拉棒生坯可以粘得更牢固一些。

无糖椰香玉米面酥条

无糖，但口中为何充满甜香？大量椰子油的出现，
一改无糖饼干的清淡，真的是值得您一做再做哟！

原料 |

水油皮面团：　　　　椰子油··············· 40 克　　　盐················ 4 克　　　中筋粉············· 180 克

水··············· 150 克　　　细玉米面··········· 70 克

油酥面团：

低筋粉··········· 130 克　　　椰子油··············· 65 克　　　表面装饰：蛋黄液适量、熟白芝麻适量

做法 |

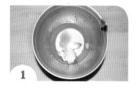

1 150 克水、40 克椰子油、4 克盐放入盆中。

2 加入 180 克中筋粉、70 克细玉米面。

3 用手充分抓匀后揉成面团，这是水油皮面团，盖好静置 20 分钟备用。

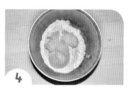

4 130 克低筋粉、65 克椰子油放入盆中。

5 充分抓匀后备用，这是油酥面团。

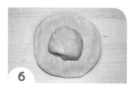

6 把水油皮面团按扁，油酥面团放在水油皮面片中间。

7 用水油皮面片包住油酥面团，捏紧收口。

8 把面团按扁后擀开。

9 把左右面片往中间折过来，把整个面片旋转 90° 后，擀长。

10 再把左右面片往中间折过来，把面团擀成约 2 毫米厚的薄片。

11 表面刷蛋黄、撒白芝麻，用刀切成长约 8 厘米、宽约 2 厘米的长条。

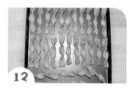

12 把每个长条面片扭两下后码放在不粘烤盘上。

13 送入预热好的烤箱，中下层，上下火，160 摄氏度、30 分钟，上色及时加盖锡纸。

◆ 二狗妈妈碎碎念 ◆

1. 玉米面要选用细玉米面，如果没有，可以用等量杂粮粉或中筋粉替换。

2. 椰子油是固态室温软化的，也可以用黄油、猪油等量替换，如果用植物油，可以把水油皮面团和油酥面团中的椰子油各减少 10 克。

无糖芝麻焦饼

这是我妈妈经常给我爸爸做的一款零食，妈妈做得比较大，这样的面团也就做4张焦饼，爸爸每天下午遛弯回来，总是拿一张焦饼，掰开和妈妈分吃。妈妈每次都是做一大堆，小20张，这样够俩人吃近一个月。我问妈妈，不会坏吗？我妈说，没有啊，没坏呀！看来，这款焦饼保质期是经得起考验的！我做了一下改良，一个是个头变小了，一个是多了一个选择，您可以用烤箱，也可以用平底锅，口感略有不同，都试试吧！

原料

水···················· 50 克　　橄榄油················· 10 克　　盐··················· 2 克　　中筋粉············· 100 克
熟白芝麻·············· 20 克

做法

1 50 克水倒入盆中，加入 10 克橄榄油、2
克盐。

2 加入 100 克中筋粉、20 克熟白芝麻。

3 揉成面团，盖好静置 30 分钟。

4 把面团放案板上搓长，分成 12 份。

5 切口朝上，按扁。

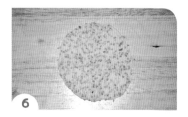

6 把每块面团尽量擀薄，越薄越好。

7 码放在不粘烤盘上。

8 送入预热好的烤箱，中下层，上下火，
170 摄氏度、20 分钟。

9 您也可以放在平底锅上，小火烙至两面微
黄。

◆─• **二狗妈妈碎碎念** •─◆

1. 一定要擀薄，越薄越好。

2. 用烤箱烘烤一定要等整张焦饼变成黄色，用平底锅烙，要烙至焦饼硬挺，有焦斑。

3. 焦饼一定要凉透食用。